Riyaz Ahmad Dar

Ensaio Antioxidante e Nootrófico de Produtos Naturais: Uma Visão Geral

Riyaz Ahmad Dar

Ensaio Antioxidante e Nootrófico de Produtos Naturais: Uma Visão Geral

Ensaio Antioxidante e Nootrófico de Alguns Princípios Activos de Origem Natural: Uma visão geral

ScienciaScripts

Cover image: www.ingimage.com

This book is a translation from the original published under ISBN 978-620-2-09419-1.

Publisher:
Sciencia Scripts
is a trademark of
Dodo Books Indian Ocean Ltd. and OmniScriptum S.R.L publishing group

120 High Road, East Finchley, London, N2 9ED, United Kingdom
Str. Armeneasca 28/1, office 1, Chisinau MD-2012, Republic of Moldova, Europe
Printed at: see last page
ISBN: 978-620-7-96625-7

ÍNDICE

DEDICADO À MEMÓRIA DA MINHA MÃE

PREFÁCIO

O presente livro fornece um tratamento atualizado e o ensaio de alguns compostos antioxidantes e nootróficos (que melhoram a memória) isolados de plantas medicinais tradicionais indianas. É efectuada a avaliação de alguns novos compostos antioxidantes e nootróficos e os dados são compilados pela primeira vez numa única fonte, com base na investigação e nos conhecimentos de vários investigadores de renome internacional. O livro está organizado em três secções. A primeira secção relata a atividade antioxidante da crocina (isolada dos estigmas de *Crocus sativus*), do kaempferol (isolado dos cormos e das pétalas de *Crocus sativus*) e da podofilotoxina (isolada do rizoma de *Podophyllum hexandrum)*, analisada através de técnicas químicas, bioquímicas e electroquímicas. Os resultados também indicam que estes medicamentos podem ser recomendados como bons antioxidantes naturais, uma vez que têm tendência para doar electrões e podem reagir com radicais livres para os converter em produtos mais estáveis e para terminar as reacções em cadeia dos radicais. A secção dois é a avaliação farmacológica da crocina e da sua forma modificada como agente nootrópico (melhorador da memória). Observou-se que um constituinte ativo (crocina) da erva ayurvédica indiana *Crocus sativus* e a sua forma modificada Cro- $(cys)_2$ melhoravam a memória dos ratos. Tendo em conta o que precede, a crocina e o aduto Cro-$(cys)_2$ são úteis no tratamento de doentes com Alzheimer.

Este livro será uma referência útil para os estudantes, investigadores no meio académico, bem como na indústria medicinal e professores interessados em química medicinal que trabalham de alguma forma com compostos bioactivos isolados obtidos de plantas. Será também muito útil para as pessoas comuns, porque a investigação relata alguns medicamentos naturais que podem ser utilizados como remédios naturais para muitas doenças comuns. O livro terá um bom âmbito de comercialização em todos os países asiáticos. Também tem um bom alcance na Europa e na América porque muitas pessoas estão a trabalhar no campo de investigação que foi mencionado neste livro.

Dr. Riyaz Ahmad Dar

ABREVIATURAS

PTOX:	Podophyllotoxin
BR:	Britton Robinson
CPE:	Controlled Potential Electrolysis
CV:	Cyclic Voltammetry
Cro:	Crocin
Cys:	Cysteine
DPP:	Differential Pulse Polarography
DPV:	Differential Pulse Voltammetry
GPES:	General Purpose Electrochemical Software
MWCNTPE:	Multi-walled carbon nanotube paste electrode
CPE:	Carbon paste electrode
HMDE:	Hanging Mercury Drop Electrode
KCl:	Potassium Chloride
MDA:	Malondialdehyde
TBARS:	Thiobarbituric acid
SOD:	Dismutase
CAT:	Catalase
DPPH:	Diphenyl-1-picrylhydrazyl

CAPÍTULO 1

1.1. UMA INTRODUÇÃO SOBRE A MEDICINA TRADICIONAL INDIANA E O CENÁRIO ACTUAL DA FARMACOPEIA

A história da medicina na Índia remonta a um passado remoto. A primeira menção à utilização medicinal de plantas encontra-se no Rig veda, talvez o mais antigo repositório do conhecimento humano, tendo sido escrito entre 4500 e 1600 a.C. [1]. Em 900 a.C. [2] Charak, descreveu a importância das plantas medicinais em Charak Samhita [2]. De acordo com uma estimativa da OMS, cerca de três quartos [3] da população mundial utiliza ervas e outros medicamentos tradicionais para o tratamento de muitas doenças. O Unani, o Aurveda, o Sidtha e a homeopatia, que constituem o sistema indiano de medicina (SMI), são amplamente praticados na Índia. O sistema indiano de medicina afirma ter tratamento para muitas das doenças refractárias, como a artrite, a epilepsia, a asma brônquica, etc., com menos efeitos secundários. Cerca de 80% das matérias-primas dos medicamentos utilizados no sistema de medicina indiana e na homeopatia baseiam-se em produtos derivados de plantas que ajudaram a manter a saúde da maioria das populações rurais da Índia. Os medicamentos modernos estão disponíveis a um custo elevado. O sistema medicinal aurvédico e homeopático fornece medicamentos mais potentes e baratos que também estão disponíveis nas zonas rurais.

Com o advento dos métodos científicos modernos, muitas das plantas medicinais de renome foram submetidas a um exame químico, o que levou ao isolamento dos princípios activos. A partir de 1800 d.C. [4], houve uma atividade contínua nesta área e muitas das plantas medicinais bem conhecidas foram analisadas quimicamente e o seu princípio ativo caracterizado. Estes compostos isolados e caracterizados, quer em estado puro quer sob a forma de extractos bem caracterizados, passaram a fazer parte das farmacopeias de vários países. As plantas têm desempenhado um papel significativo na introdução de novos constituintes activos [5, 6]. As empresas farmacêuticas estão atualmente a realizar uma investigação extensiva sobre materiais vegetais colhidos nas florestas e noutros locais, devido aos seus potenciais valores terapêuticos. O desenvolvimento da farmacognosia moderna teve lugar através do avanço simultâneo nas áreas da química orgânica, bioquímica, biossíntese e métodos modernos e técnicas de análise como papel, camadas finas, gás e HPLC. Com o progresso de métodos analíticos específicos de alta tecnologia, somos hoje capazes de analisar até extractos compostos e fitopreparações complexas e de quantificar os principais constituintes activos, que se supõe serem responsáveis pela eficácia de um extrato. A análise tridimensional por HPLC de uma combinação de extractos múltiplos de um medicamento Kempo preparado a partir de oito extractos de ervas e a quantificação dos seus constituintes principais ilustram a eficácia destes instrumentos modernos [7].

Geralmente, apenas a parte da planta que contém a maior quantidade de constituintes activos é recolhida e mascarada. Assim, um medicamento bruto pode ser constituído por sementes, folhas, frutos, flores, raízes e cascas do caule. Muitos dos produtos vegetais são importantes agentes terapêuticos. Estes incluem alcalóides, glicosídeos cardíacos, antraquinonas, flavonóides, mucilagens, esteróides, etc.

th Os produtos naturais foram outrora a fonte de todos os fármacos e a purificação de substâncias medicinais a partir de plantas tornou-se uma das principais preocupações da química medicinal durante o século XIX. Nos últimos anos, o progresso nos métodos analíticos e preparativos estimulou um ressurgimento do interesse neste domínio. Os produtos naturais e os seus derivados ainda representam quase metade de todos os fármacos em uso clínico. Os antibióticos constituem a maior fração destes. Assim, em suma, é necessário prosseguir a investigação sobre os medicamentos autóctones.

1.2. Uma panorâmica dos progressos recentes em farmacognosia

A farmacognosia é uma ciência aplicada que se ocupa das caraterísticas biológicas, bioquímicas, terapêuticas e económicas dos medicamentos naturais e dos seus constituintes com origem no reino animal e vegetal. A farmacognosia moderna requer a aplicação de várias disciplinas e técnicas científicas avançadas com o objetivo de adquirir conhecimentos sobre os medicamentos de todos os pontos de vista. Além disso, não inclui apenas o conhecimento dos fármacos em bruto, mas também dos seus derivados naturais.

Foi investigada **uma** série de plantas medicinais importantes. Os constituintes foram examinados, a ação farmacológica dos princípios activos foi determinada através de experiências em animais e as preparações feitas a partir de medicamentos foram testadas em pacientes nos hospitais. Os medicamentos obtidos a partir de plantas têm um efeito mais benéfico do que os seus homólogos sintéticos, uma vez que são mais seguros, aceitáveis, acessíveis, culturalmente compatíveis e adequados para tratamentos crónicos. Os trabalhadores anteriores isolaram vários constituintes bioactivos de várias plantas, tendo realizado a sua formulação farmacológica e o seu rastreio, que provaram ser medicamentos importantes. Alguns deles são apresentados a seguir.

1. A atividade cardiotónica das preparações de extrato de espinheiro *(Crataegus oxyacentha)* foi verificada em numerosos estudos clínicos. Verificou-se que as procianidinas e os C-glicosídeos de flavona parecem ser os principais constituintes desta erva responsáveis por uma atividade cardiotónica terapeuticamente relevante [8-10] (efeito diluidor nos vasos coronários e redução da pressão arterial).

2. Foi relatado que plantas como *Ancistrocladus abbreviatus* dos Camarões e do Gana apresentam

uma forte atividade anti-VIH devido à michellamine B e foram desenvolvidas para o tratamento de pessoas que vivem com VIH/SIDA [11, 12].

3. K. S. Pitre e Kirti Thakur já trabalharam com o cravo-da-índia (syzygium aromaticum) e utilizaram uma técnica electroanalítica modificada para determinar a quantidade de eugenol presente no óleo de cravo-da-índia. A estrutura do eugenol foi complementada por FTIR [13].

4. O isolamento de Alove emodin das folhas de Alove vera também foi efectuado por K.S.Pitre e Garima Modi [14].

5. Composição química e atividade antimicrobiana do óleo essencial do rizoma de *Alpinia officinarum* [15].

6. Isolamento e análise da insulina da cabaça amarga [16].

7. Análise de um pesticida Azadirachlin-A a partir de grãos de sementes de Neem [17].

8. Análise do ácido elágico em Straberry [18].

9. Análise cromatográfica em fase gasosa dos componentes voláteis dos óleos de gengibre da Guiné e da China [18].

1.3. Contribuição notável no domínio.

thO trabalho de isolamento de princípios activos de plantas medicinais e a sua caraterização remontam ao início do século XX. Da droga bruta Ma Huang (***Ephidra*** spp.) da China, a efedrina foi isolada em 1887 e mais tarde introduzida como medicamento em 1925. Do mesmo modo, do ópio (***Papaver somniferum*)**, a morfina foi isolada em 1804 e introduzida como droga em 1818. Da ***Cinchona spp***. do Peru, o quinino foi isolado em 1820 e introduzido como medicamento em 1825.

Entre 1850 e 1950, foi descoberto e introduzido nas farmacopeias modernas um grande número de medicamentos provenientes de plantas medicinais. Algumas das drogas vegetais brutas importantes eram a beladona **(*Atropa belladonna*)**, a cascara **(*Rhamnus pushina*)**, a digitalis **(*Digitalis purpurea*)**, a ***ipeca*** **(*Cephaclis ipecacuaiha*)**, o ópio **(*Papaver somniferum*)** **e** a rauwolfia **(*Rauwolfia serpentine*).** A partir de 1950, procedeu-se ao exame dos constituintes etnoterapêuticos em busca de novos fármacos a partir de plantas superiores e da floura marinha. Durante este período, registou-se uma contribuição significativa de fármacos finos provenientes de plantas superiores, como a reserpina, a deserpidina e a rescinnamina da ***Rauwolfia serpentina*** e a vinblastina e a vincristina do ***Catharanthus roscus.***

Investigações recentes sobre o açafrão mostraram que o extrato de açafrão *(**crocus sativus L**)* e os seus componentes possuem actividades anticarcinogénicas (inibição da carcinogénese química) e antitumorais (inibição do crescimento tumoral) in vivo e in vitro [18-23]. Foi também recentemente demonstrado que um novo glucoconjugado isolado dos cormos e calos do açafrão possuía atividade citotóxica contra células tumorais [24, 25]. **A ISO** (organização internacional de normalização) é uma federação mundial de organismos nacionais de normalização (organismos membros da ISO), que estabeleceram uma classificação do açafrão com base nos requisitos mínimos de cada qualidade, designada **ISO 3632 [26].** O teor de safranal e de crocina do açafrão foi avaliado de acordo com a norma ISO e foi comparado com as quantidades de safranal e de crocina no safaron, utilizando a cromatografia líquida de alta resolução (HPLC) [27].

1.4. Âmbito da farmacognosia

Um grande número de compostos isolados de plantas foi adotado na farmacopeia moderna após uma investigação química exaustiva, mas ainda resta um grande número de plantas para a sua investigação fitoquímica sistemática. Além disso, os princípios activos menos potentes isolados de partes de plantas serão convertidos no seu derivado, que pode revelar-se mais potente através da realização da sua atividade farmacológica. Os princípios activos isolados serão comparados com os autênticos. Uma outra vantagem deste trabalho será que a análise do constituinte ativo numa parte específica da planta ou em diferentes partes das plantas será feita por técnicas elctroanalíticas modificadas [28a] como DCP, DPP, o que provará a validade das plantas na farmacopeia. Tendo em conta os pontos acima referidos, recolhi os dados das seguintes plantas medicinais importantes de diferentes famílias e comuniquei os seus valores medicinais e a sua importância na farmacopeia.

1. *Podophyllum Hexandrum* (Berberidaceae).

A resina ***de** Podophyllum* é uma mistura de resinas obtidas a partir do rizoma e das raízes secas de ***Podophyllum hexandrum.***

Encontra-se nas encostas altas dos Himalaias, Caxemira, raramente ocorre acima dos 3600 m em chyangseel de U.P., Tibete e Afeganistão. O podophyllum americano é obtido a partir do ***podophyllum peltatum*** e é inferior ao ***podophyllum*** indiano, uma vez que este último contém o dobro da quantidade de resinas e é biologicamente mais ativo. Os caxemires chamam-lhe **vonwangun.** O rizoma de ***Podophyllum*** foi trazido da quinta de plantas medicinais que está sob a custódia da RRL J&K, Sanatnagar Srinagar. Também foram colhidas algumas raízes nas colinas de Arizal, no distrito de Budgam, Caxemira. A Podophyllum é uma erva suculenta erecta até 30 cm de comprimento com rizomas longos e nodosos rastejantes.

Princípios activos

A resina ***de Podophyllum*** é preparada deitando um extrato alcalino (90% alc.) de rizoma e raízes secos da planta em água e recolhendo e secando o precipitado. A resina tem um odor caraterístico e um sabor amargo e acre. A resina é insolúvel em água fria, mas parcialmente solúvel em água quente, éter e clorofórmio. É completamente solúvel em álcool a 90%. O principal constituinte da resina são os laganos, que são principalmente podofilotoxina (cerca de 40-50 %).

Valor medicinal

A propriedade notável da podofilotoxina é a sua atividade antitumoral, por exemplo, o tumor genital (carcinoma verrucoso, tumores witms, cancro testicular e do pulmão de pequenas células, linfoma, leucemia). A podofilotoxina foi convertida num derivado semissintético denominado etopisida, que está a ser utilizado como agente antineoplásico no tratamento do cancro. Outro derivado é a teniposida, que é utilizada para o mesmo efeito. Além disso, a podofilotoxina é utilizada no tratamento da obstipação, febre tifoide, iterícia febril, disenteria, hepatite crónica, reumatismo, problemas da próstata, gonorreia e sífilis. Também é utilizada como purgante. A podofilotoxina também é eficaz contra **o molusco contagioso**, que é geralmente uma doença cutânea benigna auto-limitada (cancro da pele) que afecta sobretudo crianças, jovens adultos e doentes com VIH. O seu mecanismo de ação baseia-se na inibição da polimerização da tubulina e na paragem do ciclo celular na metáfase [28b, 29, 30].

2. *Crocus Sativus* Linn. (Iridaceae)

É vulgarmente conhecida como Kesar em hindi, Kong em caxemira e Saffron em inglês. Os bengaleses chamam-lhe Zafron e os gujratianos keshar.

Encontra-se no Irão, em Inglaterra, em Espanha e em Caxemira, na Índia. O açafrão apresenta-se em massas soltas com estigma castanho-avermelhado, fragmentos brancos amarelados que indicam restos de estilo. O açafrão é constituído por estigmas secos e partes superiores de estilos de ***crocus sativus L.*** A droga tem um odor agradável a suor e um sabor amargo. A droga foi trazida sob a forma de estigma seco e estilo de planta que foi trazida de um agricultor que cultiva açafrão na Caxemira.

Princípios activos

Os dois principais constituintes do açafrão são a crocina (responsável pela cor), um glicosídeo carotenoide, e o safranal (aroma da droga), que é formado pela hidrólise da picrocrocina (amargo). Além disso, contém terpenos como o 1,8-cineol e o β-pineno.O precursor comum é a protocrocina, que se divide numa molécula de crocina e picrocrocina (amarga). A crocina hidrolisa-se ainda em crocetina e picrocina. A picrocrocina divide-se ainda em safranal e gucose. No entanto, decidi isolar os ingredientes principais crocina e safranal. Além disso, contém proteínas, açúcar, vitaminas, flavonóides, aminoácidos, etc.

O açafrão é produzido a nível mundial a uma taxa anual de 50 toneladas, com um custo comercial de cerca de 50 milhões de dólares.

Valor medicinal

Todos os ingredientes carotenóides isolados do açafrão demonstraram atividade citotóxica contra células tumorais in vivo. Os derivados da crocina do açafrão possuem um efeito inibitório mais forte na formação de colónias de células tumorais. A investigação sobre o efeito do açafrão nas células **neoplásicas** conheceu um renascimento na última década e um conjunto crescente de provas indica que o açafrão e os seus componentes possuem actividades **anticarcinogénicas** e **antitumorais** in-vivo e in-vitro [31-33]. **Cormos da planta do açafrão**

Recentemente, foi isolado um glucoconjugado extraído de cormos da planta do açafrão ***(Crocus sativus)*** que é citolítico para células tumorais humanas in vitro [34] e representa 0,5% (em peso) da fração solúvel dos extractos de cormos. As culturas de células de calo de cormo também sintetizam este composto, indicando que a expressão do glucoconjugado é mantida em condições in vitro [35]. Os cormos de açafrão com a planta inteira foram trazidos do vale de Caxemira, do campo de culturas de açafrão, e foram armazenados a baixa temperatura no nosso laboratório.

3. *Datura stramonium* Linn. (Solanaceae)

É vulgarmente conhecida como Dhatura em hindi e Jimson weed ou Thornapple em inglês. É um arbusto comum próximo da planta Belladona **(Atropa belladonna).** Atinge uma altura de 1,5 mtrs. e encontra-se na Europa, América do Norte e na Índia. As folhas e as sementes desta planta são importantes do ponto de vista medicinal.

Sementes de *Datura stramonium* Linn. (Solanaceae): As sementes de Datura foram trazidas do mercado local da cidade de SAGAR. As sementes são de cor castanha escura, com 3-3,7 mm de comprimento, 2,5-3 mm de largura e 1-1,5 mm de espessura.

Componentes activos das sementes:

As sementes de Stramonium contêm 0,1-0,5% de alcalóides totais que consistem principalmente em hiosciamina e escopolamina (hioscina) e atropina. A atropina é a forma racémica da 1- hiosciamina (laevorotatória) que pode ser racemizada por aquecimento com solução alcalina de etanol durante a extração [36]. Por isso, decidi isolar a atropina das sementes.

Componentes activos das folhas:

As folhas foram colhidas durante a fase de floração da planta, foram secas e transformadas em pó e foram conservadas. As folhas contêm também hiosciamina, escopolamina (hioscina) e atropina como alcalóides principais. A atropina será isolada das folhas através do método já aplicado ao isolamento da atropina das folhas de beladona.

Utilizações terapêuticas:

A atropina tem sido utilizada como agente antiespasmódico (relaxamento muscular), analgésico, antiasmático e antirreumático. É utilizada como anestésico geral para grandes operações nas extremidades da cabeça, como a pupila do olho, etc. A atropina é utilizada para a dilatação da pupila do olho. 'Também é utilizada no tratamento da doença de Parkinson, úlceras pépticas, diarreia, asma brônquica, tratamento de venenos de gases nervosos como o organofosfato, bloqueando a atividade do inibidor da acetilcolina. Assim, a atropina actua como anticolinérgico. Como antiasmático, a atropina aumenta o nível plasmático de imunoglobina-A (IgA) e a atividade fagocitária. Dilata os bronquíolos e reduz as secreções pulmonares.

Toxicidade: A utilização de atropina e de outros alcalóides de Datura em doses superiores à dose mínima eficaz produz anestesia geral. Os efeitos secundários frequentemente observados são secura da boca, rubor facial, pele seca, aumento do ritmo cardíaco, elevação da temperatura corporal e dificuldade em urinar.

4. *Inula Racemosa*: (Asteraceae)

Esta planta é vulgarmente conhecida como **Poshkermool** em caxemira. As raízes da planta foram trazidas da quinta de plantas medicinais da RRL-Srinagar, Caxemira. A planta cresce nos Himalaias ocidentais temperados e alpinos, entre 1300 e 4500 metros de altitude. A planta é uma erva robusta que cresce 0,33-2 metros de altura. As partes medicinalmente importantes da planta são a raiz e o caule. A raiz fresca é castanha e torna-se acinzentada ao secar. As raízes frescas têm um aroma semelhante ao da cânfora.

Princípios activos

Na extração das raízes da planta com hexano e isolamento, os compostos obtidos são a alantolactona, a isoalantolactona e a dihidroalntolactona [37]. Também foram isolados das raízes o sitosterol, o ácido octadecanóico e o D-manitol. **A alantolactona** foi isolada e caracterizada por IR, NMR, GC/MS.

Utilizações medicinais:

O rizoma tem um sabor doce, amargo e acre com uma potência neutra e actua como anti-sético, antibacteriano, antifúngico, anti-inflamatório, analgésico e diurético ligeiro. É utilizada no tratamento de febres contagiosas, doenças cardíacas, tosse, asma brônquica. Externamente, a pasta da raiz é utilizada para tratar feridas e úlceras, uma vez que a erva possui propriedades anti-sépticas. Também é utilizada para aumentar o apetite. A atividade antibacteriana de três constituintes principais alantolactona, isoalantolactona e dihidroalantolactona já foi realizada por Rios et al; 1988, Mosquera et al 2004 [38-42]. Os resultados de (32) mostraram que **a alantolactona** exibiu um efeito inibidor máximo contra ***Pseudomonas aeruginosa*** e ***Bacillus cereus.***

5. *Rauwolfia serpentina* (Apocynaceae)

É vulgarmente designada por chota-chand ou chandrika ou pagla-ka-dawa em hindi. Consiste no rizoma seco ou nas raízes da ***R.serpentina,*** que é um pequeno arbusto. A planta é nativa da Índia, Birmânia, Srilanka e Indonésia. Cresce em regiões quentes e húmidas.

As drogas ocorrem em raízes cilíndricas ou ligeiramente afuniladas com cerca de 2 a 10 cm de comprimento e 0,5 a 2,2 cm de diâmetro. O odor é ligeiro e o sabor é amargo. As raízes desta planta serão colhidas no viveiro local do distrito de Sagar.

Componentes activos

A R. serpentina contém cerca de 0,7 a 1,4 por cento de alcalóides, que são cerca de 20 em número e são do tipo indol. Os principais alcalóides de uso terapêutico são a reserpina e a resinnamina.

Utilização medicinal

Tanto a reserpina como a resinnamina são utilizadas como hipotensores no tratamento da hipertenção essencial. A reserpina é também utilizada como tranquilizante.

1.5. Referências

[1] Chopra R.N., Nayar S.L., Chopra I.C., Glossário de plantas medicinais indianas, P-IV. (1956).

[2] "Charak Samhita", (Ed. E pub. Gulab kunverba, Sociedade Ayurvédica, Jamnagar, Vol.I-IV, (1949).

[3] Workshop nacional sobre a interação entre o instituto e a indústria na investigação em medicina unami para identificar áreas de colaboração, 7-9 de janeiro de 2004, Centro de Biotecnologia, Faculdade de Ciências, Jamia Hamdard, Hamdard nagar, Nova Deli, P-II.

[4] Handa, S.S. e Kapoor V.K., Pharmacogonasy, P-3.(1989)

[5] Foye, W.O., "principles of medicinal chemistry", (ed. Foye, W.D.) Lea and Febiger, Philadelphia, P-697, (1981)

[6] Dev, S., "Plants and society", (Eds. Swaminathan, M.S. e Kochlar, S.L.) Macmillan, Londan, P-267, (1989)

[7] Amagaya, S. Lizuka, A., Makino B et al. Propriedades fitofarmacológicas gerais dos extractos de Sho- seiryuilo (TJ-19) phyto medicine 2001,8,338.

[8] Tauchert M. Efficacy amd Safety of crataegis extract WSI 1442 in patients with chromic stable heartinsuficiency at NYHA class III heart failure. Am. Heart. J. 2002, 143,910.

[9] Wagner, H., Elbl, G., Lotter, H., Guinea, M., Avaliações de produtos naturais como inibidores da enzima de conversão de angiotensina-I (AEC). Pharm. Pharmacol. Lett. 1991, 1, 15.

[10] Franck, U., Gunther, B., Vierlnig, W., Wagner, H., Inversão dos extractos de cecropia e crataefur quanto às suas actividades inibidoras e vasorelaxantes da enzima angiotensina. Phytomedicine 1996,3,93...

[11] Sofowora, A. 1993, medicinal plants and traditional medicine Africa, 2nd Ed. Spectrum Books, Ibadan, Nigéria, PP 26-100.

[12] Boyd, M., Hallock, V., Carellina, J., Manfredi, I.D.R., Blunt, J., Macmalion, J., Buckheil, R., Brimgmann, G., Schffer, M., Eragg, G., Thomas, O., e Jato, J. 1994, Anti-HIV michellamines from Ancistrocladus korupmisis. Med. Chem, 37, 1740-1745

[13] Modi, G Tese de doutoramento sobre análise bioinorgânica e eletroquímica de algumas drogas naturais anticancerígenas e farmacologia, Supervisor K.S. Pitre. Departamento de Química. Dr. H.S. Gour V.V (M.P) 2008

[14] Modi, G Tese de doutoramento sobre análise bioinorgânica e eletroquímica de algumas drogas naturais anticancerígenas e farmacologia, Supervisor K.S. Pitre. Departamento de Química. Dr. H.S. Gour v.v (M.P) 2008.

[15] A.K. Idrayam[*] , S.N. Garg[a] , A.K. Rathi[b] , V. Sharma, Natual Product Laboratery, Deptt. of Chemistry Gurukula Kangiri University, Hardwar 249404 India

[16] [b] Medial plant chemistry division, Control institute of medicinal and aromatic plants, Lucknow 126015- Inida Recebido em 28 de dezembro de 2006, Aceite (Revisto) em 27 de agosto de 2007.

[17] Thakur, K, Tese de doutoramento sobre o rastreio químico e farmacológico dos princípios activos de algumas amostras fitogénicas, (Supervisor. K.S. Petre), Uni. De Sagar, (2007).

[18] Alhassane Toure, Zhang Xiaoming, Key Laboratory of Food Science and Safety, Southern Yangtze Uni., Xuxi 214036. China Journal of Agronomy 6(2) 350-355, 2007.

[19] Abdullaev, F.I. 2002. cancro Propriedades quimiopreventivas e rumoricidas do açafrão (Crocus Sativus L.) Experimantal Biology and Medicine 247, 20-25

[20] Abdullaev, F.I. 2001. Agentes derivados de plantas contra o cancro. In: Gupta, S.K. (Ed.). Pharmacology and Therapeutics in the New Millennium. Narosa Publishing house, Nova Deli, Índia, PP 345-354

[21] Abdullaev, F.I. 1993, Biological effects of saffron (Efeitos biológicos do açafrão). Biofactores 4, 83-86.

[22] Abdullaev, F.I., Frenkel. G. D., 1992. O efeito do açafrão no ADN intracelular. RNA e síntese de proteínas em células humanas malignas e não malignas. Biofactores 4, 43-45.

[23] Abdullaev, F.I., Frenkel. G. D., 1992b. Efeito do açafrão na formação de colónias celulares e na síntese celular de ácidos nucleicos e proteínas. Biofactores 3, 201-205.

[24] Escribano, J., Alonso, G.L., Coca-prados, M., Fernandez, J.A., 1996. A crocina, o safoanal e a picocrocina do açafrão (Croccus Sativus L.) inibem o crescimento de células cancerosas humanas in vitro. Cancer letters 100, 23-30.

[25] Escribano, J., Diaz-Guerra, M.J., Riese, Alvarez, A., Proenza, R., Fernandez, J.A., 2000. O efeito citotóxico do glucoconjugado extraído dos cormos da planta de açafrão (Croccus Sativus L.) em linhas de células humanas em cultura. Planta medica 66, 157-162.

[26] Escribano, J., Diaz-Guerra, M.J., Riese, H.H.,Ontanon, J., Carcia-Olmo, D., Gareia-Olmo, D.C., Rubio, A., Fernandez, J.A., 1999b. Ativação in vitro de macrófagos de cormos de (Croccus Sativus L.) cancer letters 144, 107-114.

[27] ISO 3236-182. 1993. Açafrão (Croccus Sativus L.). A organização internacional para a normalização (Primeira Edição). Suíça. www.iso.ch/iso/en/.

[28] Avaliação do método ISO no açafrão. Qualificação F. Hadizadeh, M.Mahdari, S.A.Emami, Z. Khashayarmanesh, M. Hassanzadeh e J. Asili, escola de farmácia Mashhad University of Med. Sci. Mashhad, Ferro.

[29] a.Tiwari,S e Pitre K.S, Bul.J.Chem.Ed,,18(2009).

[30] b Ayres, D.C. Loike J.D. 1990., "Ligons, Chemical, biological and clinical properties", canbridge Uni. Press, Cambridge.

[31] Gordaliza, M., Castro, M.A., Miguel del corral, J.M., San Felicionno A., 2000". Propriedades antitumorais da podofilotoxina e compostos relacionados". Curr. Pherm. Design 6, 1811-1839.

[32] Gordaliza, M., Castro, M.A., Miguel del corral, J.M.,, Castro, M.A., Gomez-Zurita, M.A., 2004. "podofilotoxina, distrição, fontes, aplicações e novas derivações citotóxicas". Toxicon 44, 441-459.

[33] Salomi M.J. Nair SC, Panikkar PR, Inhibitory effects of Nigela sativa and saffron (Croccus Sativus). on chamnical carcinoginesis in mica and its non-matagenic activity. Prockes Sci congr 3: 125-126, 1990.

[34] Dufresne C, Cormier F, Dorion S. In vitro formation of crocetin glucosyl estors by crocus sativers callus extract. Planta Med- 62(2): 150-153, 1997.

[35] Cancer chemopreventive and tumoricided properties of saffron ***(Croccus Sativus)*** Experimental biology and medicine, January 1, 2002; 227(1): 20-25.

[36] Escribano J, Rops I, Fernandez JA. 1999. Isolamento e propriedades citotóxicas de um novo glucoconjugado de cormos da planta de açafrão (Croccus Sativus L.) Biochimica et Biophysica meta 1426, 217-222.

[37] Escribano J, Piqueras A, Medina J, Rubio A, Alvaraz-Orti M, Fernandez JA. Procuction of a cytotoxic proteoglycan using callus culture of saffron corms ***(Crocus Sativus L.)*** Journal of Biotechnology 73, 53-59.

[38] Sinha RR., Yadav SS. E Prasad S. 2004. Isolamento de um composto medicinalmente ativo a partir de uma fonte parcial: alcalóides e visualização da sua estrutura 3D souvenir & Abstracts, work shop-cum seminar, school of biotechnology (Dept. of Biotechnology). Faculdade de Comércio, Patna 8000 020.

[39] Lokhande P. D, Gawai D.R, Kodam, K.M. Kuechekar, B.S. AR. Chabakswar, SC. Jagadala, Departamento de Cham., Centro de Estudos Avançados, Uni. Pune, Índia. Departamento de Química Farmacêutica, Faculdade de Farmácia do Governo, Karad, Índia 415124. Reserd Jn. Of Med. Plants I(1); 7-12-2007.

[40] Rios JL., M.C. Recio e A. Villar, 1980, Screening methods for natural products with antibacterial activity: A Rev. Literatura. Jn. Ethnopharmacol, 23: 127-149.

[41] Mosquaro OM., YM. Correa e J. Nino, 2004. Atividade antibacteriana de algumas plantas colombianas andinas. Pharm. Biol. 42: 499-503.

CAPÍTULO 2

AVALIAÇÃO DA ACTIVIDADE ANTIOXIDANTE DA CROCINA, PODOFILOTOXINA E KAEMPFEROL POR ENSAIOS QUÍMICOS, BIOQUÍMICOS E ELECTROQUÍMICOS

2.1. Introdução

As células vivas, incluindo as do homem, dos animais e das plantas, estão continuamente expostas a uma variedade de desafios que exercem stress oxidativo. O stress oxidativo surge num sistema biológico após um aumento da exposição a oxidantes, uma diminuição da capacidade antioxidante do sistema, ou ambos. Está frequentemente associado ou conduz à geração de espécies reactivas de oxigénio (ROS), incluindo os radicais livres, que estão fortemente implicados na fisiopatologia de doenças como o cancro, a artrite reumatoide, a cirrose e a arteriosclerose, bem como nos processos degenerativos associados ao envelhecimento. Os radicais livres reactivos podem provir de fontes endógenas através de processos fisiológicos e metabólicos normais, como a respiração mitocondrial. Em alternativa, podem resultar de fontes exógenas, como a exposição a poluentes e a irradiação ionizante, e, em particular, os radicais derivados do oxigénio são capazes de oxidar biomoléculas, resultando em morte celular e danos nos tecidos[1,2,3]. A oxidação é também um dos processos mais importantes de deterioração dos alimentos, uma vez que pode afetar a sua segurança, cor, sabor e textura.

A peroxidação lipídica é outro tipo de degradação oxidativa dos lípidos nas membranas celulares, resultando em danos celulares pelo mecanismo de reação em cadeia dos radicais livres. Gera produtos de oxidação primários instáveis (hidroperóxidos) e produtos de oxidação secundários que incluem aldeídos, cetonas, álcoois, hidrocarbonetos, ácidos orgânicos voláteis e compostos epóxidos. Entre eles, o mais comum é o malondialdeído (MDA). É de notar que algumas destas substâncias reagem com o reagente ácido tiobarbitúrico (TBA) para produzir uma cor rosa, sendo por isso conhecidas como substâncias reactivas ao ácido tiobarbitúrico (TBARS). Os níveis de TBARS são mais elevados nas pessoas que sofrem de dores de cabeça. Os produtos finais da peroxidação lipídica podem ser mutagénicos e carcinogénicos [4].

As células estão equipadas com vários sistemas de defesa contra os danos causados pelos radicais livres, incluindo enzimas oxidantes como a superóxido dismutase (SOD) e a catalase (CAT), ou compostos químicos como o α-tocoferol, o ácido ascórbico, os carotenóides, os compostos polifenólicos e o glutatião [5].Nos últimos anos, a restrição do uso de antioxidantes sintéticos, como o BHA (2-tert-butil-4-metoxifenol) e o BHT (2,6-di- tert-butil-4-metilfenol), provocou um interesse crescente pelas substâncias antioxidantes naturais [7,8]. Os antioxidantes naturais estão a ser amplamente estudados pela sua capacidade de proteger os organismos e as células dos danos provocados pelo stress oxidativo, sendo este último considerado como uma causa do envelhecimento e das doenças degenerativas. Os antioxidantes contidos nos alimentos, especialmente nos vegetais, são compostos fenólicos (ácidos fenólicos e flavonóides), carotenóides, tocoferol e ácido ascórbico [6, 9] que são importantes agentes protectores para a saúde humana [10, 11]. Os cogumelos são também fontes ricas destes compostos [12-15] e, nos últimos anos, foram comunicados vários protocolos para determinar a sua atividade antioxidante com base em técnicas espectrofotométricas [16-18]. Progressivamente, as técnicas electroquímicas têm sido testadas e desenvolvidas como uma ferramenta alternativa para a avaliação de diferentes extractos alimentares, expressa em termos de "poder antioxidante", devido à sua rapidez, simplicidade e baixo custo [2, 19-22].

Os compostos antioxidantes podem atuar como agentes redutores e, em soluções, tendem a ser facilmente oxidados em eléctrodos inertes. Com base neste facto, alguns dos autores anteriormente citados estabeleceram uma relação interessante entre o comportamento eletroquímico dos compostos antioxidantes e o seu "**poder antioxidante**" resultante, em que "baixo potencial de oxidação" corresponde a "alto poder antioxidante". Em geral, existe uma relação entre as actividades antioxidantes e per oxidativas e os potenciais oxidativos. Quanto mais baixo for o potencial antioxidante dos extractos, mais elevada será a capacidade antioxidante. Quanto mais baixo for o potencial oxidativo, maior será a capacidade de doar facilmente electrões ao sistema que gera radicais livres [23]. Por outro lado, o ácido ascórbico e os compostos fenólicos são antioxidantes comuns nos cogumelos. A medição eletroquímica em potenciais positivos corresponderá então à oxidação de "fenólicos totais" e ácido ascórbico, mais todos os compostos com propriedades antioxidantes naturais e atividade eletroquímica, que estão presentes nos alimentos. Blasco et al. definiram um "**Índice Eletroquímico**" para expressar a avaliação do "total de antioxidantes naturais" [19].

No presente trabalho, a voltametria cíclica e a voltametria de pulso diferencial foram utilizadas para avaliar a atividade antioxidante de três fármacos de origem natural. Além disso, a capacidade de inibição da peroxidação lipídica dos mesmos fármacos foi avaliada através de ensaios bioquímicos utilizados como modelos para os danos da peroxidação lipídica nas biomembranas, nomeadamente a inibição da formação de substâncias reactivas ao ácido tiobarbitúrico (TBARS) em células cerebrais. As suas propriedades antioxidantes foram também avaliadas através da determinação do poder redutor e da atividade de eliminação de radicais 2,2-difenil-1-picrilhidrazil (DPPH). Além disso, foi desenvolvido um novo método eletroquímico para avaliar a atividade antioxidante de um fármaco, que se baseia na capacidade de eliminação do fármaco no anião superóxido produzido devido à redução do oxigénio no elétrodo de mercúrio em gota (DME).

2.2. Materiais e métodos

2.2.1 . Amostras

Os cormos (raízes) e as pétalas de açafrão (*Crocus sativus*) foram obtidos nos campos de açafrão em Pampur, Srinagar, Caxemira (Jammu e Caxemira), Índia. As amostras de plantas do rizoma de *Podophyllum hexandrum* foram obtidas nas zonas florestais montanhosas da aldeia de Sugan, distrito de Budgam, Caxemira (Jammu e Caxemira), (Índia).

2.2.2 Preparação da amostra

A podofilotoxina foi isolada do rizoma de *Podophyllum hexandrum* [24], a crocina dos estigmas de *Crocus sativus* [25] e o kaempferol das suas pétalas [26]. O caempferol foi também isolado dos cormos de *Crocus sativus*, tal como referido anteriormente no nosso trabalho [Ch.4]. A solução-mãe padrão de kaempferol e podofilotoxina foi preparada dissolvendo 0,1 mg de cada um separadamente em 100 ml de etanol puro e 0,1 mg de crocina em 100 ml de água. O eletrólito de suporte (tampão acetato-ácido acético 0,02 M, pH 4,5) foi preparado em água triplamente destilada. 2.2.3 Padrões e reagentes

No presente trabalho foram utilizados kaempferol, crocina e podofilotoxina puros e nanotubos de carbono de paredes múltiplas em pó (grau Sigma). Os padrões de ácido L-ascórbico e ácido gálico foram também adquiridos à Sigma (St. Louis, MO, EUA). O 2, 2-difenil-1-picrilhidrazil (DPPH) e o dicloridrato de 2,2'-azobis(2-amidinopropano) foram obtidos da Himedia e outros produtos químicos utilizados no presente trabalho eram da Anala R ou da Himedia Laboratories Pvt. Ltd. Mumbai, grau.

2.2.4 Caracterização eletroquímica

2.2.4.1. Instrumentação

As medições de voltametria cíclica (CV) e de voltametria de impulso diferencial (DPV) foram efectuadas num Ω Metrohm 797 VA Computrace (analisador de iões, versão 3.1). Utilizou-se uma célula de três eléctrodos que incorpora um elétrodo de pasta de nanotubos de carbono de paredes múltiplas (MWCNTPE) feito à mão, um elétrodo de referência Ag/AgCl (3,0 M KCl) e um contra-elétrodo de fio de platina. O transporte de massa foi efectuado com uma barra revestida de teflon a cerca de 400 rpm utilizando um agitador magnético (KIKA Labortechinik, Alemanha). Foi utilizado um medidor de pH digital systronics modelo-361 para as medições de pH. Todas as experiências foram realizadas à temperatura ambiente e o oxigénio dissolvido foi removido através da passagem de azoto puro através das soluções.

O elétrodo de nanotubos de carbono foi preparado da forma habitual, misturando manualmente pó de grafite (Aldrich; 1-2 mm), pó de nanotubos de carbono (40-300m^2 /g, Sigma) e óleo mineral (Sigma). A proporção entre estes três elementos foi de 60:10:30. A pasta preparada foi colocada no poço de Teflon. Um fio de cobre fixado a uma vareta de grafite e inserido no poço de Teflon serve para estabelecer contacto elétrico com o circuito externo. Conseguiu-se uma boa reprodutibilidade da resposta do elétrodo através da simples renovação da superfície do elétrodo em pasta. A nova superfície do elétrodo foi formada pressionando mecanicamente a pasta a partir do topo do poço de Teflon. O alisamento da superfície do elétrodo foi feito rolando uma vareta de vidro lisa sobre a superfície do elétrodo e, por fim, foi cuidadosamente limpa com água destilada. Cada medição foi efectuada com uma nova superfície de nanotubos de carbono. Para as medições da capacidade de eliminação do anião superóxido dos fármacos, foi utilizado um elétrodo de mercúrio gotejante (DME).

2.2.4.2. Procedimento

Todos os compostos padrão, podofilotoxina, crocina e kaempferol foram estudados em soluções de tampão acetato-ácido acético 0,02 M/4% metanol (pH 4,5). Para os gráficos de calibração dos padrões (ácido ascórbico e ácido gálico), a concentração foi fixada entre 0,1 e 10μgmL^{-1} , e para a solução do fármaco, a concentração também variou entre 0,1 e 10μgmL^{-1} .A voltametria cíclica foi utilizada para caraterizar as respostas electroquímicas entre 0 e 1,5 V, a 100 mV s^{-1} , enquanto o poder antioxidante foi avaliado por DPV, utilizando as condições de funcionamento como amplitude de pulso de 50 mV e 100 mV s^{-1} como velocidade de varrimento. Para os fármacos, a corrente de oxidação foi representada em função da concentração do fármaco e comparada com a dos padrões.

A determinação da atividade de eliminação de radicais livres foi efectuada com base na redução eletroquímica do oxigénio [22, 27, 28]. A voltametria de pulso diferencial (DPV) foi utilizada nas seguintes condições: taxa de varrimento de 25mV s^{-1} , amplitude de pulso de 50 mV, potencial inicial de 0 mV e potencial final de -1000 mV. A célula eletroquímica contendo 5 mL de eletrólito de suporte KCl 0,02 M (aq.) era semelhante à célula discutida anteriormente e consistia num elétrodo de mercúrio gotejante (DME) em vez do elétrodo de trabalho de nanotubos de carbono. O eletrólito de suporte foi primeiro saturado com oxigénio, borbulhando oxigénio gasoso através da solução durante 5 minutos. O potencial do elétrodo de trabalho foi então fixado em 200 mV durante 30 s, enquanto se agitava a solução com um agitador magnético. Depois de se parar a agitação, o potencial foi varrido no sentido negativo e registou-se um voltamograma de impulsos diferenciais que deu uma corrente de pico proporcional à quantidade de oxigénio na solução. Seguiu-se a adição de uma concentração conhecida de solução de fármaco à célula eletroquímica em condições semelhantes. Mediu-se a diminuição proporcional da corrente de pico do oxigénio correspondente à concentração do fármaco adicionado. Estas experiências foram repetidas para soluções de ácido gálico e ácido ascórbico, que foram utilizadas como padrões. Todas as medições foram efectuadas à temperatura ambiente (25 ± 2^0 C).

2.2.4.3. Ensaios químicos

2.2.4.3.1 Atividade de eliminação do radical DPPH (2, 2-difenil-1-picrilhidrazil)

O ensaio DPPH constitui um método rápido e de baixo custo, que tem sido frequentemente utilizado para a avaliação do potencial antioxidante de vários produtos naturais. Várias concentrações de cada fármaco, incluindo o ácido ascórbico e o ácido gálico padrão (0,1 a 1 ml), foram misturadas com uma solução metanólica contendo radicais DPPH ($6x10^{-5}$ mM, 2,7 ml). A mistura foi agitada vigorosamente e deixada em repouso durante 60 minutos no escuro (até se obterem valores de absorção estáveis). O ensaio antioxidante DPPH baseia-se na capacidade do DPPH, um radical livre estável, para descolorir na presença de antioxidantes. O radical DPPH contém um eletrão ímpar que é responsável pela absorvância a λ=517nm e também pela cor púrpura profunda visível. Quando o DPPH aceita um eletrão doado por um composto antioxidante, o DPPH é descolorido, o que pode ser medido quantitativamente a partir das alterações na absorvância (Espectrofotómetro UV-VIS de feixe duplo Elico SL164).

A atividade de eliminação de radicais (RSA) foi calculada como uma percentagem de descoloração de DPPH utilizando a equação: %RSA=[(ADPPH-AS)/ADPPH]x100, em que AS é a absorvância da solução quando o fármaco foi adicionado a um determinado nível, e ADPPH é a absorvância da solução de DPPH. A concentração do fármaco que proporciona 50% da atividade de eliminação de radicais (EC50) foi calculada a partir do gráfico da percentagem de ASR em função da concentração do fármaco. O ácido ascórbico e o ácido gálico foram utilizados como padrões [12, 17, 29]. 2.2.4.3.2 Poder redutor

A capacidade redutora de um composto pode servir como um indicador significativo da sua potencial atividade antioxidante. A redução do ião férrico (Fe^{3+}) a ião ferroso (Fe^{2+}) é medida pela intensidade da solução azul-esverdeada resultante, que absorve a 700 nm. Misturaram-se diferentes volumes de amostras de ensaio com tampão fosfato de sódio (pH 6,6, 0,2 M, 5 ml) e ferricianeto de potássio (1% p/v, 5 ml). As misturas foram incubadas num banho de água a 50^0 C durante 20 minutos. Após o período de incubação, foi adicionado ácido tricloroacético (10%, 5 ml) e a mistura foi centrifugada a 1000 rpm durante 10 minutos. A camada superior foi separada e os seus 5 ml foram misturados com água destilada (5 ml) e cloreto férrico (0,1%, 1 ml), tendo a absorvância sido medida espectrofotometricamente a 700 nm. A concentração do fármaco que fornece 0,5 da absorvância (EC50) foi calculada a partir do gráfico da absorvância a λ_{max}= 700 nm contra a concentração do fármaco. O ácido gálico e o ácido ascórbico foram utilizados como padrões [12, 17, 29].

2.2.5 Ensaio bioquímico (ensaio de espécies reactivas do ácido tiobarbitúrico (TBARS))

O teste do ácido tiobarbitúrico (TBA) foi proposto há mais de 40 anos e é atualmente um dos métodos mais utilizados para detetar a deterioração oxidativa dos alimentos que contêm gordura. Durante a oxidação lipídica, o malonaldeído (MDA), um componente menor dos ácidos gordos com 3 ou mais ligações duplas, é formado como resultado da degradação dos ácidos gordos polinsaturados. O MDA é um dialdeído de três carbonos com grupos carbonilo nas posições C-l e C-3.) É normalmente utilizado como indicador do processo de oxidação lipídica, tanto pelo seu aparecimento precoce à medida que a oxidação ocorre como pela sensibilidade do método analítico [30]. Neste ensaio, o MDA reage com o ácido tiobarbitúrico (TBA) para formar um complexo MDA-TBA cor-de-rosa que é medido espectrofotometricamente no seu máximo de absorção a 530-535 nm [31] (Fig. 1). Deve, no entanto, notar-se que os alcenos e alcadienos também reagem com o reagente TBA e produzem uma cor rosa. Assim, o termo substâncias reactivas ao ácido tiobarbitúrico (TBARS) é agora utilizado em vez de MDA.

Foi utilizado um ensaio TBARS modificado [31-34] para medir a potencial atividade antioxidante, utilizando homogenatos de cérebro como meio rico em lípidos. Foram obtidos cérebros de quatro ratos com um peso corporal de 140-160 g, dissecados e homogeneizados com um politrão em tampão Tris-HCl gelado (pH 7,4, 20 mM) para produzir um homogenato de tecido cerebral 1:2 (p/v) que foi centrifugado a 3000 rpm durante 10 min. Uma alíquota (0,1 ml) do sobrenadante foi incubada com diferentes concentrações de soluções de amostra (fármaco) (10 a 500 μgmL^{-1}), preparadas imediatamente antes da utilização, foram adicionadas a um tubo de ensaio e completadas até 1,0 ml com água destilada. Foi adicionado um volume de 0,05 mL (0,07 M) de solução de dicloridrato de 2,2'-azobis(2-amidinopropano) em água para induzir a peroxidação lipídica. Em seguida, adicionou-se 1,5 ml de ácido acético a 20 % numa solução de dodecil sulfato de sódio a 1,1 % (p/v) e a mistura resultante foi agitada em vórtice e aquecida a 95 °C durante 60 minutos. Após arrefecimento, adicionou-se a cada tubo 5,0 mL de butan-1-ol, agitou-se em vórtice e centrifugou-se a 1200 × *g* durante 10 min. A absorvância da camada orgânica superior foi medida utilizando um espetrofotómetro a 532 nm. Todos os valores foram baseados na percentagem do índice antioxidante (IA/%):

$AI/\% = (1 - AT/AC) \cdot 100$

em que AC é o valor de absorvância do controlo totalmente oxidado e AT é a absorvância da amostra de ensaio. A concentração de fármaco que proporciona 50% de inibição da peroxidação lipídica (EC_{50}) foi calculada a partir do gráfico da percentagem de atividade antioxidante em relação à concentração de fármaco.

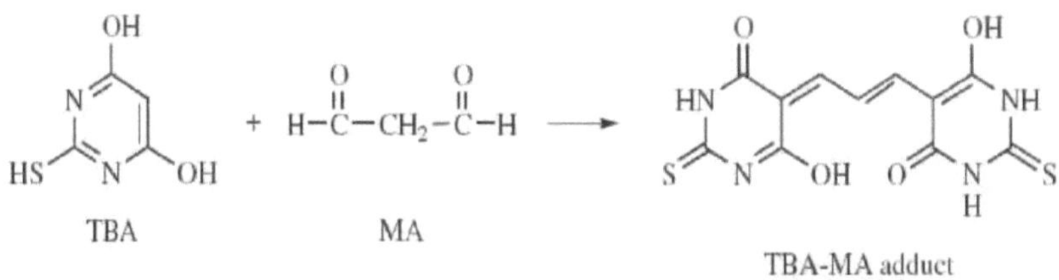

Fig.1 Reação do ácido 2-tiobarbitúrico (TBA) e do malonaldeído (MA)

2.2.6 . Análise estatística

Para cada um dos três fármacos, foram analisadas três amostras e todos os ensaios foram efectuados em triplicado. Os resultados são expressos como valores médios e desvio padrão (DP). A atividade antioxidante dos fármacos foi analisada através de uma análise de variância (ANOVA) unidirecional utilizando o SigmaStat versão 3.1.

2.2. Resultados e discussão

2.2.1 a Avaliação das propriedades antioxidantes por técnicas electroquímicas

As Figs. 2a e 2b mostram os voltamogramas cíclicos dos ácidos ascórbico e gálico, respetivamente. Ambos os compostos apresentam processos de oxidação irreversíveis típicos, tal como observado em muitas substâncias antioxidantes [21,35,36] com um pico anódico a E_{pa} = 0,28±0,05 V para o ácido ascórbico e dois picos anódicos a E(I)pa=0,41±0,05 V, $E(II)_{pa}$ = 0,71±0,05 V para o ácido gálico. Observou-se o mesmo comportamento eletroquímico irreversível para a podofilotoxina de origem natural com E_{pa} = 1,10±0,05 V (Fig.2c) e para a crocina E_{pa} = 0,37±0,05 V (Fig.2d), e reversível para o kaempferol com E_{pa} = 0,38±0,05 V e E_{pc} = 0,28±0,05 V (Fig.2e). Estes resultados mostram que ambos os padrões são oxidados a potenciais menos positivos do que os compostos em estudo (podofilotoxina, crocina e kaempferol). A semelhança no potencial de oxidação entre todos estes fármacos estudados indica que devem ter uma relação análoga no que diz respeito à atividade antioxidante.

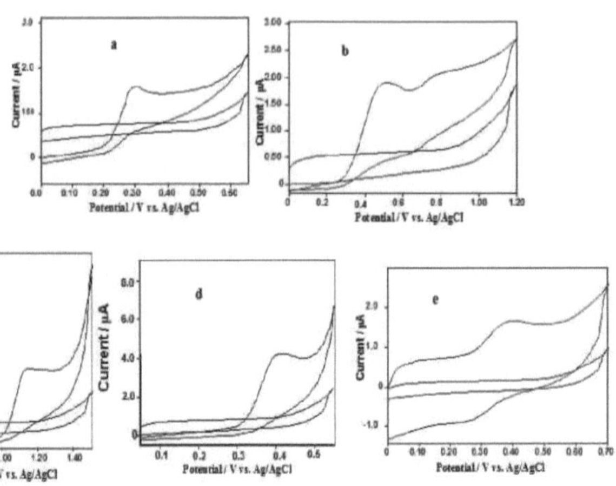

Fig.2 Voltamogramas cíclicos, a 100 mV s^{1} de (a) 0,5 μgml^{-1} ácido ascórbico, (b) 0,5 μgml^{-1} ácido gálico, (c) 0,5 μgml^{-1} PTOX,(d) 0,5 μgml^{-1} Crocin, (e) 0,5 μgml^{-1} kaempferol em soluções 0,1 M de tampão acetato-ácido

acético/4% metanol (pH 4,5).

A voltametria cíclica é frequentemente utilizada para a caraterização de sistemas electroactivos. No entanto, quando estão presentes substâncias orgânicas, há maiores probabilidades de ocorrerem fenómenos de adsorção na superfície do elétrodo, limitando a utilização desta técnica a medições quantitativas. Para ultrapassar este constrangimento e obter informação quantitativa sobre as capacidades antioxidantes de qualquer composto, utiliza-se a voltametria de impulsos diferenciais [37]. A Fig.3 mostra os voltamogramas de impulsos diferenciais para todas as espécies em estudo. De facto, com esta técnica os picos são melhor resolvidos do que em CV, ultrapassando as dificuldades em aceder a uma linha de base correta. Um voltamograma de impulsos diferenciais representativo de um dos padrões (ácido gálico) e de um dos fármacos em estudo (crocina) a várias concentrações de ácido gálico e crocina é apresentado nas Fig. 4a e 4b, respetivamente. Como se pode observar, há um aumento da corrente de pico com o aumento da concentração de ácido gálico e de crocina, o que conduz a uma relação linear entre os dois parâmetros. O mesmo comportamento foi encontrado para o ácido ascórbico e para as outras espécies em estudo (podofilotoxina e kaempferol (Fig. 5 e Tabela 1), embora os declives dos gráficos de corrente de pico vs. concentração do fármaco sejam muito diferentes. Para esta técnica, a corrente de pico depende, não só da concentração, mas também da cinética de transferência de electrões e do coeficiente de difusão da espécie electroactiva (ou da média de várias espécies [23]), impedindo a comparação direta entre os dados dos padrões e das amostras. A diferença entre os declives dos dois padrões e dos fármacos em estudo é apresentada na Tabela 1. Os dados reflectem a diferença entre os respectivos coeficientes de difusão.

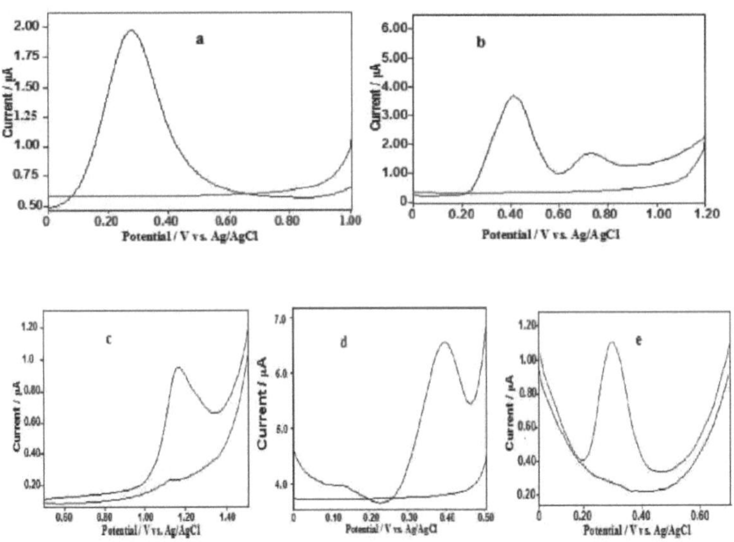

Fig.3 Voltamogramas de impulsos diferenciais em tampão acetato-ácido acético 0,1 M/4% metanol (pH 4,5) de 1μgml de solução^{-1} de (a) ácido ascórbico (b) ácido gálico (c) PTOX (d) crocina e (e) kaempferol

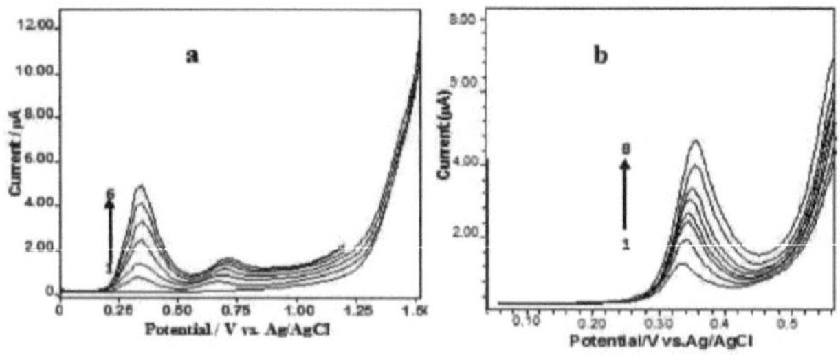

Fig. 4 Voltamogramas de pulso diferencial de (a) ácido gálico e (b) crocina em tampão acetato-ácido acético 0,1 M/4% metanol (pH 4,5) de (1) 0.20 μgml^{-1} ,(2) 0,40 μgml^{-1} , (3) 0,60μgml^{-1} ,(4) 0,8 μgml^{-1} , (5) 1,0 μgml^{-1} , e (6) 1,2 μgml^{-1} de ácido gálico e (7) 1,4 μgml^{-1} (8) 1,6 μgml^{-1} de crocina.

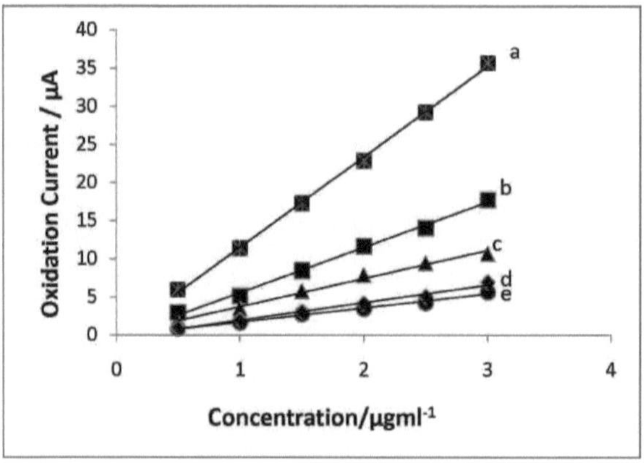

Fig.5.Variação da corrente de pico nos voltamogramas DP com a concentração de (a)Crocina,(b) Ácido gálico, (c) Ácido ascárbico, (d) Kaempferol e (e)PTOX. Outras condições como na Fig.2.

A fim de exprimir o "poder antioxidante" dos diferentes fármacos em termos equivalentes, comparámos os resultados com os dos padrões. Devemos mencionar que, em concentrações muito baixas e elevadas de fármaco, existem desvios significativos na linearidade da corrente (I) vs. concentração do fármaco, muito provavelmente devido a fenómenos de adsorção no elétrodo. Os valores são apresentados no Quadro 1 e são expressos em termos de ácido gálico ou ascórbico. Estes resultados mostram que a crocina apresenta o maior "poder antioxidante" e a podofilotoxina o menor, em concordância com os resultados obtidos nos ensaios químicos e bioquímicos.

Tabela1 Resultados de voltametria cíclica e voltametria de impulso diferencial do ácido ascórbico, ácido gálico, PTOX, crocina e Kaempferol em soluções de tampão acetato-ácido acético 0,1 M/4% metanol (pH 4,5).

Tipo de medicamento	Epa/V	Declive/µA mg^{-1} ml	P.A. (AA) (mg/g)	A.P.(GA) (mg/g)
Crocina	0.37±0.05	11.87	3330.0	1857.1
Kaempferol	0.38±0.05	2.30	564.1	314.28
PTOX	1.10±0.05	1.85	487.1	271.42
Ácido ascórbico	0.28±0.05	3.69	1000	557.14
Ácido gálico	0.41±0.05/0.71±0.05	5.93	1794.8	1000

2.2.1b. Capacidade de eliminação do anião superóxido

A determinação da atividade de eliminação de radicais livres foi realizada com base na redução eletroquímica do oxigénio. Foi utilizado um elétrodo de mercúrio para a redução do oxigénio. Quando o oxigénio é reduzido, procede no cátodo em várias fases com a formação do anião-radical ativo do oxigénio ou do anião superóxido ($o_2^{\cdot-}$) como intermediário. A Figura 6 mostra voltamogramas de pulso diferencial selecionados da redução do oxigénio no DME antes e depois da adição de diferentes concentrações de cada fármaco. O pico de redução foi observado a um potencial de cerca de -0,16 V. Quando o fármaco foi adicionado, o pico de corrente diminuiu com o aumento da concentração do fármaco. É óbvio que o medicamento pode eliminar os radicais de oxigénio activos produzidos pela redução catódica do oxigénio. A taxa de inibição, que é definida como a percentagem da razão entre a diferença da corrente de pico obtida devido à redução do oxigénio antes e depois da adição do fármaco e a corrente de pico obtida devido à redução do oxigénio antes da adição do fármaco, foi representada em função da concentração do fármaco. O gráfico (mostrado na Fig.7) era linear e é descrito pela seguinte equação.

Taxa inibitória do superóxido $(O^{2}\,'')$ = 0,324c + 12,90, R^2 = 0,948 (para a crocina)

Taxa inibitória do superóxido $(O^{>\cdot})$ = 0,283c + 10,65, R^2 = 0,968 (para o ácido gálico)

Taxa inibitória do superóxido $(O^{2}\cdot^{\cdot})$=0,264c + 4,231, R^2 =0,945 (para o ácido ascórbico)

Taxa inibitória do superóxido $(O^{>\cdot})$ 0,237c + 10,73, R^2 = 0,950 (para o Kaempferol)

Taxa inibitória do superóxido $(O^{>\cdot})$ = 0,198c - 9,10, R^2 = 0,934 (para PTOX).

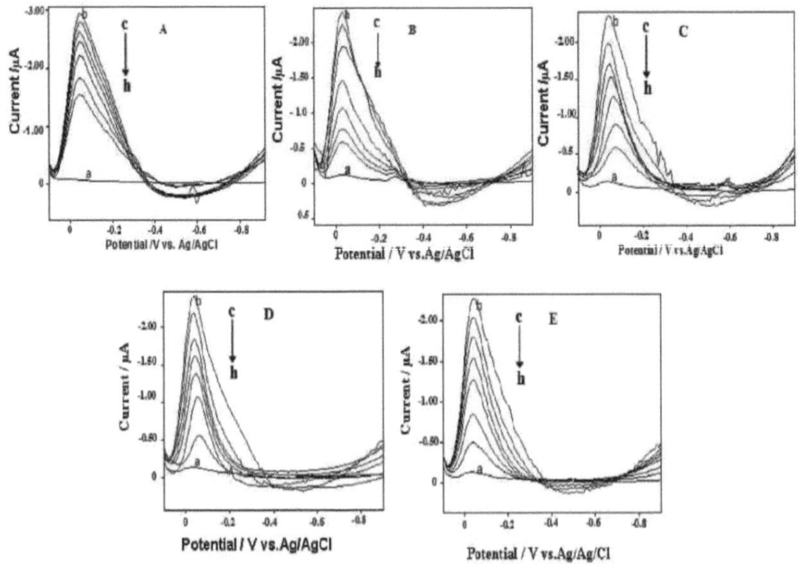

Fig.6 Voltamogramas de pulso diferencial para a redução eletroquímica de oxigénio em eletrólito de suporte 0.1M de KCl a DME de (a) solução desarejada com N2 ; (b) solução saturada de ar e concentrações variáveis dos fármacos como (c) $40\mu ml^{-1}$; (d) 80 μml^{-1} ; (e) $120\mu ml^{-1}$; (f) $160\mu ml^{-1}$ (g) $200\mu ml^{-1}$ (h) $140\mu ml^{-1}$ solução saturada de ar de (A): ácido ascórbico,(B): ácido gálico,(C):kaempferol,(D) PTOX.,(E):crocina.

A IC50, ou seja, a concentração do fármaco quando a taxa inibitória atinge 50%, foi calculada a partir da curva linear como $125{,}3\pm0{,}04\mu gmL^{-1}$, $146{,}5\pm0{,}07\mu gmL^{-1}$, $178{,}5\pm0{,}023\mu gmL^{-1}$, $186{,}8\pm0{,}008\mu gmL^{-1}$, $275{,}3\pm0{,}06\mu gmL^{-1}$ para a crocina, o ácido gálico, o ácido ascórbico, o caempferol e o

PTOX, respetivamente, indicando que a crocina tem, comparativamente, a maior atividade de eliminação de radicais e a PTOX a menor. A propriedade de eliminação mais elevada da crocina pode dever-se às porções hidroxilo e glucose que podem fornecer o componente necessário como eliminador de radicais.

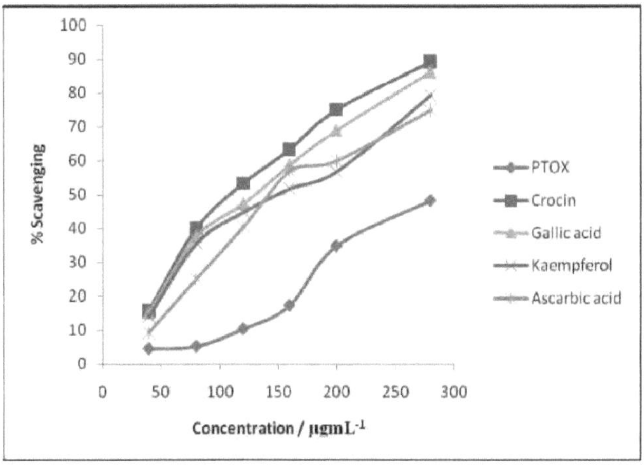

Fig.7 Eliminação do radical anião superóxido da crocina, do kaempferol e do PTOX em comparação com dois antioxidantes padrão, o ácido ascórbico e o ácido gálico. Cada valor é expresso como média ± desvio padrão (n = 3).

2.2.2 Avaliação das propriedades antioxidantes por ensaios químicos

2.2.3.1. Ensaio de poder redutor

A Fig.8 mostra o poder redutor da crocina, do kaempferol, da podofilotoxina e do ácido ascórbico e ácido gálico padrão em função da sua concentração. Como se pode observar, cada fármaco causou uma elevação significativa do poder redutor. Neste ensaio, a cor amarela da solução de teste muda para várias tonalidades de verde e azul, dependendo do poder redutor de cada composto. A presença de redutores (ou seja, antioxidantes) provoca a redução do complexo Fe^{3+} /ferricianeto para a forma ferrosa. Por conseguinte, a medição da formação do complexo ferrocianeto férrico, $Fe_4[Fe(CN)_6]_3$, vulgarmente conhecido como azul da Prússia de Perl, a 700 nm, pode monitorizar a concentração de Fe^{2+} . O poder redutor da crocina (0,856±0,08 a 750 µg mL^{-1}) foi relativamente mais pronunciado do que o do kaempferol (0,617±0,03 a 750 µg mL^{-1}) e da PTOX (0,572±0,011 a 750 µg mL^{-1}). A maior absorvância a uma concentração elevada indica o forte potencial de poder redutor. A figura também mostra as capacidades redutoras destes fármacos em comparação com o ácido gálico (0,742 ±0,008) e o ácido ascórbico (0,695 ±0,005) a 750 μgmL^{-1}). O poder redutor destes fármacos pode dever-se às substituições poli e mono-hidroxilo nos seus anéis, que possuem capacidades potentes de doação de hidrogénio [38, 39]. Por conseguinte, estas redutonas podem reagir com radicais livres para estabilizar e bloquear as reacções em cadeia dos radicais.

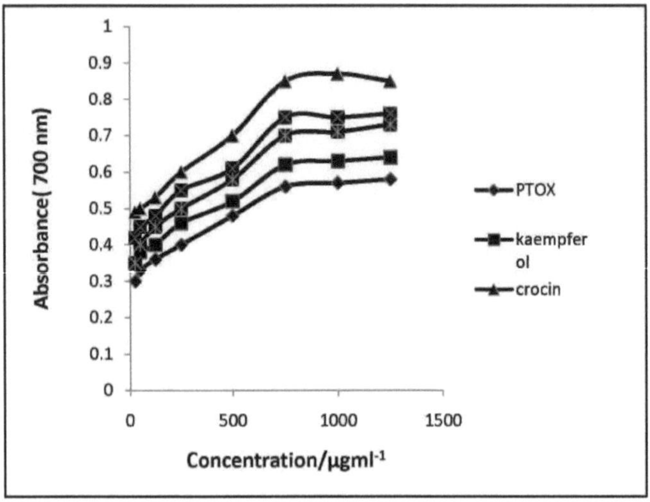

Fig. 8 Poder redutor da crocina, do kaempferol e do PTOX em comparação com o padrão (ácido ascórbico) e o ácido gálico a λ = 700 nm. Cada valor é expresso como média ± desvio padrão (n = 3).

2.2.3.2. Atividade de eliminação de radicais (RSA) por ensaio DPPH

A RSA dos medicamentos foi testada utilizando uma solução metanólica do radical livre "estável", DPPH. Ao contrário dos radicais livres gerados em laboratório, como o radical hidroxilo e o anião superóxido, o DPPH tem a vantagem de não ser afetado por certas reacções secundárias, como a quelação de iões metálicos e a inibição de enzimas [40]. Uma solução de DPPH recentemente preparada apresenta uma cor púrpura profunda com um máximo de absorção a 517 nm. Esta cor púrpura geralmente desvanece-se/desaparece quando um antioxidante está presente no meio. Assim, as moléculas antioxidantes podem extinguir os radicais livres DPPH (ou seja, fornecendo átomos de hidrogénio ou doando electrões, possivelmente através de um ataque de radical livre à molécula DPPH) e convertê-los num produto incolor/branqueado (ou seja, 2,2-difenil-1-hidrazina ou uma hidrazina análoga substituída), resultando numa diminuição da absorvância a 517 nm. Assim, quanto mais rapidamente a absorvância diminui, maior é a atividade antioxidante do medicamento. A eliminação de radicais livres é um dos mecanismos conhecidos pelos quais os antioxidantes inibem a oxidação lipídica. Este teste é um ensaio comummente utilizado em estudos antioxidantes de compostos específicos numa escala de tempo curta.

Os valores RSA da crocina, do kaempferol, da podofilotoxina, do ácido ascórbico e do ácido gálico utilizados como padrões foram examinados e comparados entre si (Fig. 8). Os resultados são expressos como a percentagem do rácio entre a diminuição da absorvância da amostra e a absorvância da solução DPPH na ausência do fármaco a 517 nm. A comparação da atividade antioxidante dos três fármacos e do ácido ascórbico e do ácido gálico padrão é apresentada na (Fig. 9). Todos estes fármacos exibiram uma inibição dose-dependente significativa da atividade DPPH, com uma inibição de 50% (IC50) a uma concentração de 27,50±0,005 μgml^{-1}, 244,30±0.01 μgml^{-1} e 396,75±0,005 μgml^{-1} para crocina, kaempferol e PTOX, respetivamente, em comparação com o ácido ascórbico padrão (121,20±0,008 μgml^{-1}) e o ácido gálico (52,13±0,007 μgml^{-1}).

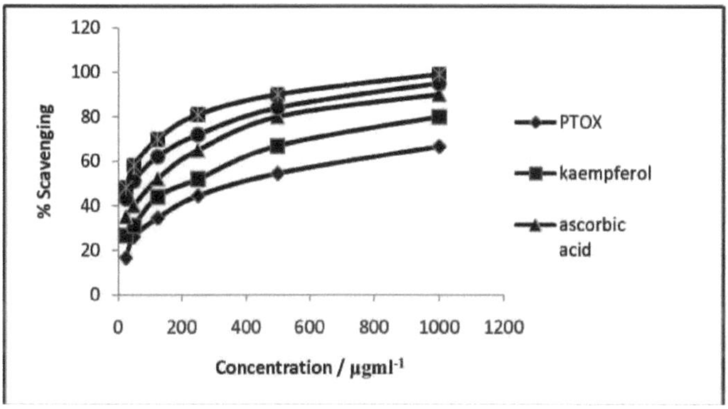

Fig.9 Atividade de eliminação do radical DPPH e valores IC50 da crocina, do kaempferol e da PTOX em comparação com os padrões ácido ascórbico e ácido gálico. Cada valor é a média ± DP (n = 3).

2.2.3.3. Avaliação das propriedades antioxidantes por ensaio bioquímico

O ensaio bioquímico utilizado para avaliar as propriedades antioxidantes é a inibição da peroxidação lipídica no tecido cerebral (medida pela intensidade da cor do complexo MDA-TBA). Os peróxidos lipídicos, derivados de ácidos gordos poli-insaturados, são instáveis e decompõem-se para formar uma série complexa de compostos. Estes incluem compostos de carbonilo reactivos. O mais abundante entre eles é o malondialdeído (MDA), um dos produtos secundários da peroxidação lipídica. Os níveis de malondialdeído (MDA), como índice de peroxidação lipídica, foram medidos. O MDA reage com o ácido tiobarbitúrico (TBA) como uma substância reactiva ao ácido tiobarbitúrico (TBARS) para produzir um complexo de cor rosa que tem um pico de absorvância a 532 nm[32]. A Fig. 10 mostra a atividade antioxidante expressa como índice antioxidante (IA/%) de crocina, kaempferol, PTOX e ácido ascórbico e ácido gálico como antioxidantes padrão. Todos estes fármacos exibiram uma atividade significativa de inibição da peroxidação lipídica dependente da dose, com uma inibição de 50% (IC 50) a uma concentração de 124,50±0,02 μgml^{-1} , 213,49±0.005 μgml^{-1} e 296,43±0,04 μgml^{-1} para crocina, kaempferol e PTOX, respetivamente, em comparação com o ácido ascórbico padrão (175,67±0,07 μgml^{-1}) e o ácido gálico (151,73±0,05 μgml^{-1}).

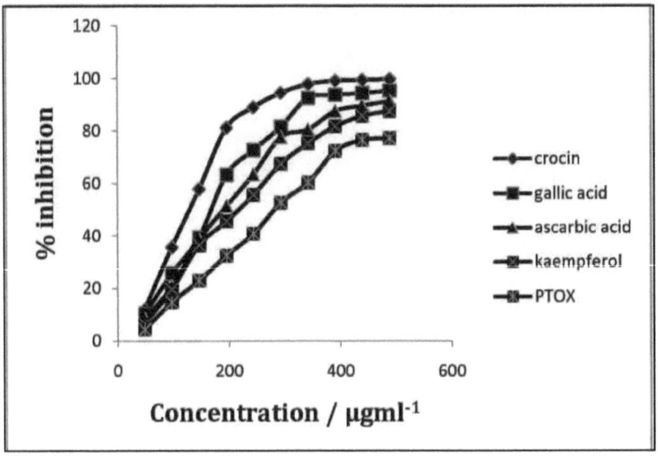

Fig.10 Ensaio TBARS e valores IC50 de crocina, kaempferol e PTOX em comparação com os padrões ácido ascórbico e ácido gálico. Cada valor é a média ± DP (n = 3).

Na Tabela 2, apresentamos os valores EC50 para o poder redutor, os efeitos de eliminação do DPPH e o ensaio TBARS (IC50) obtidos de cada fármaco juntamente com o ácido ascórbico e o ácido gálico como antioxidantes padrão.

Quadro 2 Valores IC50 e EC50[a,b] (μgml^{-1}) de crocina, kaempferol, podofilotoxina e ácido ascórbico e ácido gálico padrão obtidos em ensaios de poder redutor, DPPH e TBARS

Amostra	Ensaio de poder redutor (EC50)[a]	DPPH (IC50)[b]	Ensaio TBARS (IC50)[b]
Crocina	49.32±0.007	27.50±0.082	124.53±0.092
Kaempferol	456.55±0.054	244.300±0.043	213.49±0.092
Podofilotoxina	572.30±0.072	396.75±0.021	296.43±0.013
Ácido ascórbico	198.53±0.092	121.20±0.043	175.67±0.021
Ácido gálico	101.760±0.012	52.13±0.065	151.73±0.061

[a]EC50 (μgml^{-1}): concentração efectiva à qual a absorvância é de 0,5.

[b]EC50 (μgml^{-1}): concentração efectiva na qual 50% dos radicais DPPH são eliminados. [a,b]Os valores representam a média±S.D.

No geral, todos estes fármacos revelaram boas actividades antioxidantes, nomeadamente a atividade de eliminação de radicais e a capacidade de inibição da peroxidação lipídica. A crocina foi a espécie mais eficiente, apresentando os valores mais baixos de EC50 nos ensaios químicos e bioquímicos e o maior "**poder antioxidante**" nos ensaios electroquímicos. Isso também foi evidente nos valores de EC_{50} para o efeito de eliminação de DPPH (27,50±0,005 μgml^{-1} para crocina, 244,30±0,001 μgml^{-1} para kaempferol e 396.75±005 μgml^{-1} para PTOX) e do ensaio bioquímico (124,53 μgml^{-1} para crocina, 213,49 μgml^{-1} para kaempferol e 296,43 μgml^{-1} para PTOX). Além disso, os valores EC_{50} obtidos para a capacidade de inibição do anião superóxido foram melhores do que para os ensaios RSA e TBARS. Isto foi muito mais evidente nos valores EC_{50} para a capacidade de inibição do anião superóxido (125,30 μgml^{-1} para a crocina, 186,80 μgml^{-1} para o kaempferol e 275,30μgml^{-1} para a PTOX).

A maior propriedade de eliminação da crocina pode ser devida às porções hidroxilo e glucose que podem fornecer o componente necessário como eliminador de radicais. Além disso, os valores de EC_{50} obtidos no ensaio de poder redutor foram melhores do que os observados no ensaio de RSA e TBARS. Além disso, os resultados do estudo inferem que estes fármacos podem trazer novos produtos naturais para a indústria alimentar, com uma atividade antioxidante melhor e mais segura, que proporciona uma boa proteção contra os danos oxidativos, que ocorrem tanto no corpo como nos nossos alimentos diários.

2.3 . Conclusão

A atividade antioxidante da crocina (isolada dos estigmas de *Crocus sativus*), do kaempferol (isolado dos cormos e pétalas de *Crocus sativus*) e da podofilotoxina (isolada do rizoma de *Podophyllum hexandrum)* foi analisada através de técnicas químicas, bioquímicas e electroquímicas. Os ensaios químicos permitiram avaliar o seu poder redutor e a atividade de eliminação de radicais, enquanto os ensaios bioquímicos avaliaram a capacidade de inibição da peroxidação lipídica, utilizando células cerebrais como modelos; a avaliação eletroquímica foi realizada por voltametria cíclica e voltametria de pulso diferencial. Todas as espécies demonstraram ter atividade antioxidante e, em particular, através das técnicas electroquímicas, foi demonstrado que estes fármacos apresentaram uma capacidade de eliminação do anião superóxido produzido pela redução eletroquímica do oxigénio. Os valores RSA da crocina, do kaempferol, da podofilotoxina, do ácido ascórbico e do ácido gálico utilizados como padrões foram examinados e comparados entre si. A crocina foi a espécie mais eficaz, apresentando os valores EC_{50} mais baixos nos ensaios químicos e bioquímicos e o maior "poder antioxidante" nos ensaios electroquímicos. O trabalho descrito neste estudo mostrou que a voltametria cíclica e a voltametria de pulso diferencial podem ser consideradas como técnicas importantes para a avaliação das propriedades antioxidantes da crocina, do kaempferol e da PTOX. Os resultados também inferem que estes fármacos podem ser recomendados como bons antioxidantes naturais, uma vez que possuem uma tendência para doar electrões e podem reagir com radicais livres para os converter em produtos mais estáveis e para terminar as reacções em cadeia dos radicais.

2.4 Referências

[1] B.M. Ames, M.K. Shigenaga, T.M. Hagen, Oxidants, antioxidants and the degenerative diseases of aging. *Proceedings of the National Academy Sciences*, **90** (1993)7915-7922.

[2] S. Chevion, M.A. Roberts, M. Chevion, The use of cyclic voltammetry for the evaluation of antioxidant capacity, *Free Radical Biology and Medicine*, **28** (2000) 860870.

[3] B. Halliwell, J.M.C. Gutteridge, Free radicals in biology and medicine. Oxford, Reino Unido: Oxford University Press. (2003).

[4] L.J. Marnett, Lipid peroxidation-DNA damage by malondialdehyde. *Mutation research, **424*** (1999) 83-95.

[5] E. Niki, H. Shimaski, M. Mino, Antioxidantism-free radical and biological defence. Tóquio: *Centro Gakkai Syuppan*. (1994).

[6] M. Elmastasa, O. Isildaka, I. Turkekulb, N. Temura, Determinação da atividade antioxidante e dos compostos antioxidantes em cogumelos comestíveis selvagens. *Journal of Food Composition and Analysis*, ***20***(2007) 337-345.

[7] B. M. Ames, Dietary carcinogens and anticarcinogens: O radical de oxigénio e a doença degenerativa, *Science*, ***221*** (1983)1256-1263.

[8] A. L. Branen, Toxicology and biochemistry of butylated hydroxy anisole and butylated hydroxy toluene, *Journal of the American Oil Chemists Society*, ***52***(1975) 59-63.

[9] R. Cazzi, R. Ricardy, T. Aglitti, V. Gatta, P. Petricone, R. De Salvia, Ascorbic acid and β-carotene as modulators of oxidative damage. *Carcinogenesis*, ***18***(1997) 223-228.

[10] G. Block, B Patterson, A. Subar, Fruits, vegetables and cancer prevention: A review of the epidemiological evidence. *Nutrition and* Cancer-An *International Journal*, **18** (1992) 1-29.

[11] M.W. Gillman, A. Cupples, D. Gagnon, Posner, B.M. Ellison, R.C. Castelli, Protective effect of fruits and vegetables on development of stroke in men. *Journal of the American Medical Association*, **273** (1995)1113-1117.

[12] L. Barros, M.J Ferreira, B. Queirós, I.C.F.R. Ferreira, P. Batista, Fenóis totais, ácido ascórbico, β-caroteno e licopeno em cogumelos silvestres comestíveis portugueses e suas actividades antioxidantes, *Food Chemistry*, 103 **(2007)** 314-419.

[13] L. Barros, R.C Calhelha, J.A. Vaz, I.C.F.R. Ferreira, P. Batista, L.M Estevinho, Antimicrobial activity and bioactive compounds of Portuguese edible mushrooms. *Investigação e Tecnologia Alimentar Europeia*, **225** (2007)151-156.

[14] P. Valentao, P.B. Andrade, J. Rangel, B. Ribeiro, B.M. Silva, P. Batista, Effect of the conservation procedure on the contents of phenolic compounds and organic acids in Chanterelle (*Cantharellus cibarius*) mushroom, *Journal of Agricultural and Food Chemistry*, **53** (2005) 4925-4931.

[15] P. Valentao, G. Lopes, M. Valente, P.Barbosa, P.B. Andrade, B.M. Silva, Quantificação de nove ácidos orgânicos em cogumelos silvestres. *Journal of Agricultural and Food Chemistry*, **53**(2005) 3626-3630.

[16] L. Barros, P. Batista, D.M. Correia, J.S.Morais, I.C.F.R. Ferreira, Effects of conservation treatment and cooking on the chemical composition and antioxidant activity of Portuguese wild edible mushrooms, *Journal of Agricultural and Food Chemistry*, **55** (2007) 4781-4788.

[17] L. Barros, P. Batista, I.C.F.R Ferreira, Effect of Lactarius piperatus fruiting body maturity stage on antioxidant activity measured by several biochemical assays, *Food and Chemical Toxicology*, **45**(2007)1731-1737.

[18] I.C.F.R. Ferreira, P. Batista, M. Vilas-Boas, L. Barros, Capacidade de eliminação de radicais livres e poder redutor de cogumelos silvestres comestíveis do nordeste de Portugal, *Food Chemistry*, **100**(2007) 1511-1516.

[19] A.J. Blasco, M.C. Gonzâlez, A. Escarpa, Abordagem eletroquímica para discriminar e medir flavonóides e ácidos fenólicos predominantes utilizando voltametria de pulso diferencial: Rumo a um índice eletroquímico de antioxidantes naturais. *Analytical Chimica Ata*, **511** (2004)71-81.

[20] A.J. Blasco, M.C. Rogerio, M.C. Gonzâlez, A. Escarpa, "Índice eletroquímico" como método de rastreio para determinar os "polifenólicos totais" nos alimentos: Uma proposta. *Analytical Chimica Ata*, **539**(2005) 237-244.

[21] M.S. Cosio, S. Buratti, S. Mannino, S. Benedetti, Utilização de um método eletroquímico para avaliar a atividade antioxidante de extractos de ervas da família Labiatae. *Food Chemistry*, **97**(2006) 725-731.

[22] E.I. Korotkova, Y.A. Karbainov, A.V. Shevchuk, Study of antioxidant properties by voltammetry, *Journal of Electroanalytical Chemistry*, **518** (2002)56-60.

[23] P. Arulpriya1, P. Lalitha, S. Hemalatha, avaliação voltamétrica cíclica da atividade antioxidante do extrato de éter de petróleo de Samanea saman (Jacq.) Merr, Advances in Applied Science Research,(2010) 1 (3): 24-35.

[24] W.S. Anthony, L.H. Jonathan, C.A. William, Contribution from the national cancer inst. and the national inst. of arthritis and metabolic diseases, Internal report, National Institute of Health,

Public Health Services, U.S. Department of Health, Education and Welfare, (1956) 288-291.

[25] R.A. Dar, P.K. Brahman, S. Tiwari, K.S. Pitre, Análise eletroquímica indireta da crocina em amostras fitoquímicas, *E-Journal of Chemistry,* no prelo, (2011)

[26] H. Farzin, K. Naaman, H. Hossein, K.A. Randa, Kaempferol from Saffron Petals, *Iranian Journal of Pharmaceutical Research,* (2003) 251-252.

[27] J.B. Zheng, H.F. Zhang, H. Gao, Investigação sobre o comportamento eletroquímico e a capacidade de eliminação do anião superóxido da crisina no elétrodo de mercúrio, *Chinese Journal of Chemistry,* **23** (8) (2005) 1042 1046.

[28] A. Hailemichael, M. Berhanu Abegaz, B. Merhatibeb, Comportamento eletroquímico e determinação voltamétrica da geshoidina e suas propriedades espectrofotométricas e antioxidantes em soluções tampão aquosas, *bull. Chem. Soc. Ethiop.* **21**(2), (2007) 189-204.

[29] B. Lillian, F. Soraia, B. Paula, F. Cristina, V.B. Miguel, C.F.R. Isabel Ferreira, Antioxidant activity of Agaricus sp. mushrooms by chemical, biochemical and electrochemical assays, *Food Chemistry* **111** (2008) 61-66.

[30] M. Uchiama, M. Miahara, Determinação do precursor do malonaldeído nos tecidos através do teste do ácido tiobarbitúrico, *Anal Biochem,.* **86** (1978)279- 286.

[31] K. Tea, D. Verica, Uzelac, M. Mladen, Antioxidant Activity of Aqueous Tea Infusions Prepared from Oregano, Thyme and Wild Thyme, *Food Technol. Biotechnol.* **44** (4) (2006)485-492.

[32] G. Miguel, M. Simões, A.C. Figueiredo, J.G. Barroso, L.G. Pedro, L. Carvalho, Composição e actividades antioxidantes dos óleos essenciais de Thymus caespititius, Thymus camphoratus e Thymus mastichina, *Food Chemistry* **86** (2004) 183-188.

[33] F. Juana,. P. Crez-harez, A. Jose, Fernindez-Lipezb, Thiobarbituric acid test for monitoring lipid oxidation in meat, *Food Chemistry,* **59** (3) (1997)345-353.

[34] S. Fereidoon, Z. Ying, Bailey's Industrial Oil and Fat Products, Lipid Oxidation: Measurement Methods, Memorial University of Newfoundland, St. John's, Newfoundland, Chapter:8, John Wiley & Sons, Inc., Canadá (2005) 666-668. Canadá (2005) 666-668.

[35] S. Gunckel, P. Santander, G. Cordano, J. Ferreira, S. Munoz, L.J. Nunez-Vergara, Antioxidant activity of gallates: An electrochemical study in aqueous media, *Chemico-Biological Interactions*, **114** (1998) 45-59.

[36] P.A. Kilmartin, H. Zou, A.L. Waterhouse, A cyclic voltammetry method suitable for characterizing antioxidant properties of wine and wine phenolics, *Journal of Agricultural and Food Chemistry*, **49** (2001) 1957-1965.

[37] C.M.A. Brett, A.M.O. Brett, *Electrochemistry-principles methods and applications. Oxford:* Oxford University Press. (1993), 219.

[38] R. Amarowicz, R.B. Pegg, P. Rahimi-Moghaddam, B. Barl, J.A. Weil, Free-radical scavenging capacity and antioxidant activity of selected plant species from the Canadian prairies, *Food Chemistry,* **84** (2004) 551-562.

[39] K. Shimada, K. Fujikawa, K. Yahara, T. Nakamura, Antioxidative properties of xanthan on the autoxidation of soybean oil in cyclodextrin emulsion, *Journal of Agriculture and Food Chemistry,* **40** (1992)945-948.

[40] A. Roedig-Penman, M.H. Gordon, Antioxidant properties of myricetin and quercetin in oil and emulsions, *Journal of the American Oil Chemists Society,* **75** (1998) 169-180.

CAPÍTULO 3

AVALIAÇÃO FARMACOLÓGICA DA CROCINA E DA SUA FORMA MODIFICADA COMO AGENTE NOOTRÓPICO

3.1. Introdução

O açafrão é uma especiaria alimentar obtida a partir da flor e dos estigmas de ***Crocus sativus L.***, um membro da família das iridáceas. Desempenha um papel importante na cultura culinária de diferentes regiões do mundo, onde é utilizado como alimento. Desde a antiguidade, tem sido amplamente utilizado como medicamento para promover a saúde e combater doenças, especialmente no Médio Oriente e no Sudeste Asiático. Tendo em conta a sua vasta gama de utilizações médicas, o açafrão foi submetido a um extenso rastreio fitoquímico e bioquímico, tendo sido isolada uma variedade de ingredientes biologicamente activos. Os componentes caraterísticos do açafrão são a crocina - responsável pela cor, a picrocrocina - responsável pelo sabor amargo e o safranal - responsável pelo odor e aroma. A quantidade destes compostos principais presentes no açafrão determina a sua qualidade. O açafrão não é tóxico em estudos com animais (LD50-20,7 g/kg), não é citotóxico em estudos in vitro (LD50-200mg/kg) de peso corporal de ratos [1,2]. A literatura regista uma grande quantidade de dados sobre o efeito do açafrão nas doenças das artérias coronárias, no comportamento de aprendizagem, no fluxo sanguíneo ocular e na função da retina, na pressão sanguínea e na sua possível utilização como agente contracetivo, anti-inflamatório, anti-aterosclerose, antioxidante, antigentotóxico e citotóxico [2-6]. O açafrão também mostra um efeito positivo na disfunção erétil masculina (DE). O açafrão é considerado rejuvenescedor e nutre as células cerebrais, apoiando o sistema nervoso e melhorando a coordenação e a memória. A administração oral de açafrão pode ser útil para o tratamento de doenças neurodegenerativas e das perturbações de memória associadas. É um medicamento que promove a inteligência, a memória, a ausência de doenças, a longevidade, a força dos sentidos e um grande aumento da força da digestão. Se estas afirmações são válidas é um assunto de grande interesse e deve ser investigado cientificamente.

O principal ingrediente do açafrão é a crocina. Trata-se de um carotenoide natural que também se encontra na *Gardenia Jasmenoides*. É o diéster formado a partir da gentiobiose e do ácido dicarboxílico crocetina. Apresenta uma cor vermelha intensa e forma cristais com um ponto de fusão de 186 °C. Quando dissolvido em água, forma uma solução cor de laranja. A crocina (200 mg/kg, i, p.) não mostrou atividade anticonvulsiva [10], o que significa que a crocina deve ser um bom antidepressivo. A crocina foi isolada dos estigmas de *Crocus sativus* e foi modificada com cisteína para formar um aduto de cisteína e crocina, tal como discutido no capítulo 5 desta tese.

O presente estudo teve por objetivo investigar os efeitos da crocina de origem natural isolada de

Crocus sativus, uma preparação ayurvédica, e da sua forma modificada na memória. A crocina isolada e a sua forma modificada foram administradas por via intraperitoneal em três doses (2,5, 5 e 10 mg/kg de peso corporal) durante cinco dias a nove grupos diferentes de ratos.

O labirinto em cruz elevado e o aparelho de evitamento passivo serviram como modelos comportamentais exteroceptivos para testar a memória.

A crocina e o aduto de Cro-$(Cys)_2$ (2,5, 5 e 10 mg/kg i, p.) produziram uma melhoria dependente da dose nos resultados de memória dos ratos. Assim, a crocina e o aduto de Cro-$(Cys)_2$ modificado podem revelar-se um remédio útil para o tratamento da doença de Alzheimer devido à sua propriedade de melhorar a memória.

3.1 Materiais e métodos

3.2.1 Substância de teste e drogas

A crocina foi extraída do açafrão e a Cro-$(Cys)_2$ foi preparada de acordo com o procedimento anteriormente descrito. O piracetam (Nootropil) e o diazepam eram de qualidade Sigma-Aldrich, EUA.

3.2.2 Veículo

A crocina, o aduto Cro-$(Cys)_2$ e o piracetam são solúveis em água. O diazepam foi suspenso com carboximetilcelulose de sódio (CMC) a 0,5% p/v. Todos os medicamentos foram injectados por via intraperitoneal.

3.2.3 Temas

Todas as experiências foram efectuadas com ratos albinos machos adquiridos na Sagar Biological House, Sagar (M.P) Índia. No presente estudo, foram utilizados ratos com um peso de cerca de 100-150g. Os animais tiveram livre acesso a alimentos e água e foram alojados num ciclo natural de luz-escuridão (12 h cada). A comida que lhes foi dada consistia em farinha de trigo amassada com água e misturada com algumas gotas de óleo vegetal refinado. Os animais foram aclimatados durante pelo menos 5 dias às condições do laboratório antes das experiências comportamentais. Os experimentos foram realizados entre 0900h e 1800h. O protocolo experimental foi aprovado pelo Comité Institucional de Ética Animal (IAEC) da Universidade Central Dr.Hari Singh Gour, Sagar (M.P.) Índia.

3.2.4 Tratamento medicamentoso

Na presente investigação, os ratos foram divididos em 8 grupos para o estudo da melhoria da memória e 9 grupos para o estudo da reversão da amnésia induzida pelo diazepam, para utilizar vários modelos de memória interoceptiva e exteroceptiva. A crocina e o aduto modificado de Cro-$(Cys)_2$ (2,5, 5 e 10 mg/kg) foram administrados intraperitonealmente durante cinco dias sucessivos a ratos para estudos de memória. As doses do fármaco foram selecionadas com base em doses humanas e em relatórios da literatura [1, 2]. Após 90 minutos da administração da última dose (no 5.º dia), os ratos foram expostos à sessão de treino utilizando o labirinto em cruz elevado e o aparelho de evitamento passivo. A retenção (memória) foi registada após 24 horas (no 6.º dia). A amnésia foi induzida em grupos separados de ratos por diazepam (1mg/kg, i.p). O piracetam (400 mg/kg, i.p.) foi utilizado como um agente nootrópico estabelecido e foi injetado durante cinco dias no grupo de controlo positivo. Os animais do grupo de controlo receberam veículo (água destilada) durante cinco dias consecutivos.

3.2.5 Elevado plus-maze

O labirinto em cruz elevado serviu como modelo comportamental exterocetivo para avaliar a memória em ratos. O procedimento, a técnica e o ponto final para testar a memória foram seguidos utilizando os parâmetros descritos pelos investigadores anteriores [11,12]. O labirinto em cruz elevado para ratos consistia em dois braços abertos (16 cm×5 cm) e dois braços cobertos (16 cm×5 cm×12 cm) estendidos a partir de uma plataforma central (5 cm×5 cm) e o labirinto era elevado a uma altura de 25 cm do chão (Fig. 1A). No primeiro dia (ou seja, no 5.º dia de tratamento com o fármaco), cada rato foi colocado na extremidade de um braço aberto, afastado da plataforma central. A latência de transferência (TL) foi definida como o tempo (em segundos) que o animal demorou a passar do braço aberto para um dos braços cobertos com as quatro patas e foi registada no primeiro dia (sessão de treino) para cada animal. Em seguida, o rato foi autorizado a explorar o labirinto durante mais 2 minutos e depois regressou à sua gaiola de origem. A retenção desta tarefa aprendida (memória) foi examinada 24 horas após a última dose, que era o sexto dia e correspondia a 24 horas após o primeiro dia de treino. Uma redução significativa do valor da TL da retenção indica uma melhoria da memória.

3.2.6 Paradigma do evitamento passivo

O comportamento de evitamento passivo baseado no reforço negativo foi utilizado para examinar a memória a longo prazo [11, 12]. O aparelho consistia numa caixa (27 cm×27 cm×27 cm) com três paredes de madeira e uma parede de Plexiglas, com um chão em grelha (constituído por varões de aço inoxidável de 3 mm espaçados 8 mm), com uma plataforma de madeira (10 cm×7 cm×1,7 cm) no centro do chão em grelha (Fig.1B). A caixa foi iluminada com uma lâmpada de 15W durante o período experimental. Foi aplicado um choque elétrico (50 V, C.A.) no chão da grelha. O treino (ou seja, o quinto dia de tratamento com droga) foi efectuado em duas sessões semelhantes. Cada rato foi colocado suavemente na plataforma de madeira colocada no centro do chão da grelha. Quando o rato descia, colocando todas as patas no chão da grelha, eram dados choques durante 15 s e era registada a latência de descida (SDL), definida como o tempo (em segundos) que o rato demorava a descer da plataforma de madeira para o chão da grelha com todas as patas no chão da grelha. Os animais que apresentavam um SDL na ordem dos 230 s durante o primeiro teste foram utilizados para a segunda sessão e para o teste de retenção. A segunda sessão foi efectuada 90 minutos após o primeiro teste. Durante a segunda sessão, se os animais descessem antes de 60 s, os choques eléctricos eram novamente administrados durante 15 s. Durante o segundo teste, os animais eram retirados da zona livre de choques, se não descessem durante um período de 60 s, e eram submetidos ao teste de retenção. A retenção (memória) foi testada após 24 horas (ou seja, no sexto dia, 24 horas após a última dose) de forma semelhante, exceto que os choques eléctricos não foram aplicados no chão da grelha, observando-se um tempo de corte superior de 300 s [12]. O aumento significativo do valor de SDL indicou uma melhoria da memória.

A B

Fig.1 (A) Modelo de labirinto em cruz elevado para a realização de atividade nootrópica em ratos através da medição da latência de transferência (TL). (B) Conjunto de plataforma de madeira para a realização de atividade nootrópica em ratos através da medição da latência de descida (SDL)

3.2. Resultados e discussão

3.2.1 Efeito na latência de transferência (utilizando o labirinto em cruz elevado)

A latência de transferência (TL) é definida como o tempo (em segundos) que o animal demora a passar do braço aberto para um dos braços cobertos com as quatro patas. Uma redução significativa do valor da TL de retenção indica uma melhoria da memória. A crocina e a Cro-$(Cys)_2$ modificada (2,5, 5 e 10 mg/kg, i,p.) mostraram, cada uma, uma redução dependente da dose ($P<0,01$) na TL do sexto dia dos animais, quando comparadas com os respectivos grupos de controlo, indicando uma melhoria significativa da memória (Fig.2A). thO diazepam 1mg/kg injetado antes do treino aumentou significativamente a latência de transferência (TL) do 6.º dia, indicando uma perturbação da memória. A crocina e a Cro-$(Cys)_2$ modificada inverteram os défices de memória induzidos pelo diazepam. O piracetam (utilizado como controlo positivo) na dose de 400 mg/kg, i.p., melhorou a memória e inverteu a amnésia induzida pelo diazepam, como esperado. (Fig.3A).5mg/kg é a dose eficaz para a crocina e 2,5mg/kg é a dose eficaz para o aduto Cro-(Cys)2.

3.2.2 Efeito na latência da descida de nível (utilizando o paradigma da evitação passiva)

A SDL é definida como o tempo (em segundos) que o rato demora a descer da plataforma de madeira para o chão da grelha com todas as patas no chão da grelha. A latência de descida (SDL) do sexto dia (24 horas após a última dose) reflecte a memória a longo prazo dos animais. Um aumento significativo do valor de SDL indica uma melhoria da memória. Os grupos de ratos, que foram tratados com piracetam (400 mg/kg, i.p.), apresentaram melhorias (Fig.2B). (P<0,05) na memória dos ratos. O diazepam (1mg/kg, i.p.) diminuiu significativamente o SDL em comparação com o grupo de controlo de ratos, o que indica uma diminuição da memória (amnésia). A crocina e a Cro-(Cys)2 modificada, administradas durante cinco dias, inverteram a amnésia induzida pelo diazepam (Fig.3B). O paracetam também reverteu a amnésia induzida pelo diazepam. Mais uma vez, 5mg/kg foi a dose eficaz para a crocina e 2,5mg/kg para o aduto de Cro-(Cys)2.

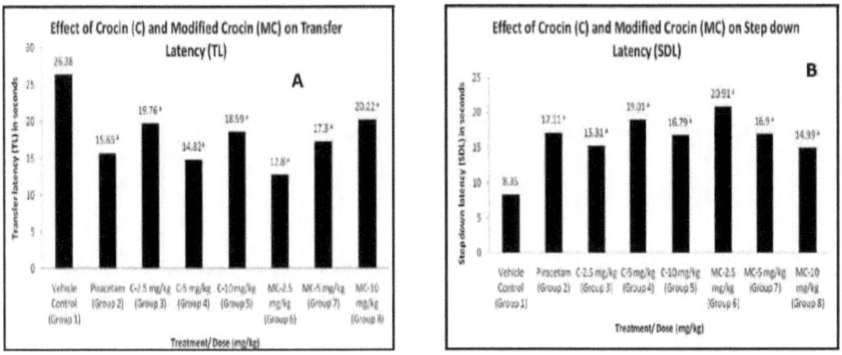

Fig.2 (A) Gráfico da latência de transferência (em segundos) versus dose de tratamento de crocina e crocina modificada em mg/kg (2,5, 5 e 10 mg/kg), cada uma administrada por via intraperitoneal durante cinco dias sucessivos em ratos, utilizando o método "elevated plus maize". O piracetam (400 mg/kg, i.p.) foi utilizado como medicamento padrão. (a) Indica (P<0,01) em comparação com o grupo de controlo. (B) Gráfico da latência de descida (em segundos) vs. dose de tratamento (em mg/kg) de crocina e crocina modificada (2,5, 5 e 10 mg/kg), cada uma administrada por via intraperitoneal durante cinco dias sucessivos em ratos, utilizando o paradigma da evitação passiva. O piracetam (400 mg/kg, i.p.) foi utilizado como fármaco padrão. (a) Indica p<0,05 em comparação com o grupo de controlo.

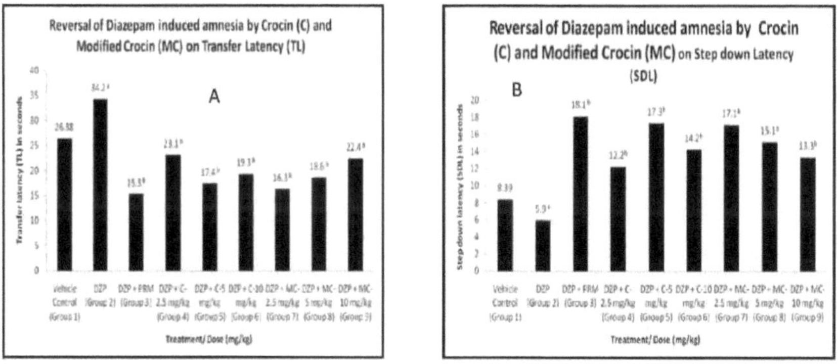

Fig.3 (**A**) Gráfico da latência de transferência (em segundos) vs dose de tratamento em mg/kg mostrando a reversão da amnésia induzida por diazepam (1mg/kg i.p.) por crocina e crocina modificada (2,5,5,10 mg/kg) cada uma em ratos utilizando o método "elevated plus maize". O paracetam (Prm) 400mg/kg i.p. foi utilizado como fármaco padrão. (a) Indica p<0,001 em comparação com o grupo de controlo. (b) Indica p<0,001 em comparação com o diazepam. **(B)** Gráfico da latência de descida (em segundos) versus dose de tratamento em mg/kg, mostrando a reversão da amnésia induzida pelo diazepam (1mg/kg i.p) através da crocina e da crocina modificada (2,5,5,10 mg/kg) em ratos que utilizaram o método "elevated plus maize".

3.3. Mecanismo de ação proposto.

Recentemente, vários relatórios estão a mostrar uma forte ligação entre níveis elevados de colesterol e uma elevada incidência da doença de Alzheimer [13]. Por conseguinte, uma nova estratégia terapêutica destinada a reduzir os níveis de colesterol no sangue está a ganhar força para o tratamento da doença de Alzheimer (DA). As principais caraterísticas histológicas da DA incluem depósitos de proteínas extracelulares designados por placas β-amilóides (Aβ), depósitos de Aβ nos vasos sanguíneos e emaranhados neurofibrilares intraneuronais. A acumulação anormal de níveis de colesterol aumenta a Aβ em modelos celulares e na maioria dos modelos animais de DA; e os medicamentos que inibem a síntese de colesterol reduzem a Aβ nestes modelos [14]. Estudos clínicos sugerem que a concentração líquida de colesterol no cérebro é regulada pelo nível de colesterol sérico e que existe uma interação entre o SNC e os reservatórios de colesterol periféricos [15]. Portanto, é plausível que os níveis de colesterol periférico modulem os níveis de colesterol do SNC e vice-versa. Estudos epidemiológicos revelaram que indivíduos com níveis elevados de colesterol periférico apresentam maior suscetibilidade à doença de Alzheimer [16] e que a incidência de doença de Alzheimer é maior em países com dietas ricas em gorduras e calorias. Curiosamente, os animais tratados com Crocin e o aduto Cro-$(Cys)_2$ podem ter causado uma redução significativa dos níveis de colesterol nos ratos em comparação com o grupo de controlo. Por conseguinte, parece provável que a crocina extraída e o aduto de crocina-$(cisteína)_2$ possam revelar-se um agente anti-Alzheimer útil, tendo em conta a sua propriedade de melhorar a memória observada no presente estudo. A acetilcolina é considerada como o neurotransmissor mais importante envolvido na regulação das funções cognitivas. De acordo com a hipótese colinérgica, as perturbações da memória em doentes com demência senil devem-se a uma deficiência selectiva e irreversível das funções colinérgicas no cérebro [17]. Este facto serve de justificação para a utilização de inibidores da AChE para o tratamento sintomático da DA nas suas fases iniciais. Existem muitas provas que ligam o sistema colinérgico central à memória [18]. Foi demonstrado que a disfunção cognitiva está associada a uma função colinérgica deficiente e que a facilitação da atividade colinérgica central é uma caraterística da demência senil do tipo Alzheimer.

3.4. Conclusão

No presente estudo, observámos que um constituinte ativo (crocina) da erva ayurvédica indiana *Crocus sativus* e a sua forma modificada Cro-$(cys)_2$ melhoraram a memória dos ratos. Isto pode dever-se à redução do nível de colesterol sérico e à elevação do nível de acetilcolina no cérebro e, em última análise, à melhoria da memória dos ratos. Tendo em conta o que precede, a crocina e o aduto Cro-$(cys)_2$ são úteis no tratamento de doentes com Alzheimer.

3.5. Referências

[1] P.Y. Chang, C.K. Wang, C.T. Liang, W. Kuo, A ação farmacológica de Zang Hong Huo (*Crocus Sativus* L.): efeito no útero e/ou no ciclo da avestruz, *Yao Hsueh Hsueh Pao*, **11**(1994) 90-100.

[2] F.I. Abdullaev, Use of in vitro assays to assess the potential antigenotoxic and cytotoxic effects of saffron (Crocus *sativus* L.), *Toxicology in vitro* **17**(5-6) (2003) 751.

[3] T. Ochiai, et al, Protective effects of carotenoids from saffron on neuronal injury in vitro and in vivo, Biochim Biophys Act. 1770 (4) (2006) 578-584.

[4] Yang Chem, Hao zhang, Xi Tian, Potencial antioxidante de crocinas e extractos de etanol de *gardénia jasminoides* ELLIS e Crocus Sativus L, *Food Chemistry.* **109** (2008) 484-492.

[5] F.I. Abdullaev, G.D. Frenkel, O efeito do açafrão na síntese intracelular de ADN, ARN e proteínas em células humanas malignas e não malignas, *Biofactors.* **4** (1992) 4345.

[6] F.I. Abdullaev, G.D. Frenkel, Effect of saffron on cell colony formation and cellular nucleic acid and protein synthesis, *Biofactors.* **3** (1992) 201-205.

[7] J. Escribano, G.L. Alonso, M. Coca-prados, J.A. Fernandez, Crocin, safoanal e picocrocin do açafrão (Croccus Sativus L.) inibem o crescimento de células cancerosas humanas in vitro, *Cancer Lett.* **100**(1-2) (1996) 23-30.

[8] F.I. Abdullaev, Cancer Chemopreventive and Tumoricidal Properties of Saffron (Crocus Sativus L.), *Experimental Biology and Medicine.* 227 (2002) 20-25.

[9] H. Hosseinzadeh, R. Hamid, Sadeghnia, T. Ziaee, A. Danaee, Efeitos protectores do extrato aquoso de extrato de açafrão (*Crocus sativus*) e da crocina, o seu constituinte ativo, nas lesões oxidativas induzidas por isquemia-reperfusão renal em ratos, *J Pharm pharmaceut sci* (www.spscanada.org) **8**(3)(2005) 387-389.

[10] H. Hosseinzeteh, F. Talebzadeh, Kiecolt-Glaser, Glaser, Anticonvulsant effects of aqueous and ethanolic extracts of *Crocus sativus* L. stigmas in mice, *Arch. Irn.Med.* **5** (2002) 44-47.

[11] M. Vasudevan, M. Parle, Atividade de melhoria da memória de Anwala churna (Emblica officinalis Gaertn.): An Ayurvedic preparation, *Physiology and Behavior,* **91** (2004) 4654.

[12] M. Parle, N. Singh, Animal models for testing memory, Asia Pac J Pharm.16 (2004) 10120

[13] L.E. Hebert, P.A. Scherr, J.L. Bienias, D.A. Bennett, D.A. Evans, Alzheimer Disease in the U.S. population: prevalence estimates using the 2000 census, *Arch Neurol.* **60** (2003) 1119-22.

[14] L. Puglielli, R.E. Tanzi, D.M. Kovacs, Alzheimer's disease: the cholesterol connection, *Nat Neurosci.* **6** (2003) 345-51.

[15] I. Bjorkhem, D. Lutjohann, U. Diczfalusy, L. Stahle, G. Ahloborg, D. Wahren, Cholesterol homeostasis in the human brain: turnover of 24S-hydoxycholesterol and evidence for a cerebral origin of most oxysterol in the circulation, *JLipidRes.* ***39*** (1998 1594-600.

[16] L. Bretillon, D. Lutjohann, L. Stahle, T. Widhe, L. Bindl, G. Eggersten, et al,Plasma levels of 24S-hydroxycholesterol reflect the balance between cerebral production and hepatic metabolism and are inversely related to body surface, *J Lipid* Res. ***41*** (2000) 8405.

[17] S. Kalmijn, L.J. Launer, A. Ott, J.C. Witteman, A. Hofman, M.M.B. Breteler, Dietary fat intake and the risk of incident dementia in the Rotterdam Study, *Ann Neurol.* ***42*** (1997) 776-82.

[18] W.H. Peng, M.T. Hsich, C.R.Wu, Effect of long term administration of berberine of scopolamine induced amnesia in rats, *Jpn J Pharmacol.* ***74*** (1997) 261-272.

MIX
Papier aus verantwortungsvollen Quellen
Paper from responsible sources
FSC® C105338

Printed by Books on Demand GmbH, Norderstedt / Germany